KUNO LORENZ

EINFÜHRUNG IN DIE PHILOSOPHISCHE ANTHROPOLOGIE

A.= Wissenschaft vom Menschen und seiner Entwicklung in natur- und geisteswissenschaftlicher Hinsicht.

DIE PHILOSOPHIE

Einführungen in Gegenstand, Methoden und Ergebnisse
ihrer Disziplinen

WISSENSCHAFTLICHE BUCHGESELLSCHAFT
DARMSTADT

KUNO LORENZ

EINFÜHRUNG IN DIE PHILOSOPHISCHE ANTHROPOLOGIE

WISSENSCHAFTLICHE BUCHGESELLSCHAFT
DARMSTADT

Einbandgestaltung: Studio Franz & McBeath, Stuttgart.

1. Auflage 1990

Die Deutsche Bibliothek – CIP-Einheitsaufnahme

Lorenz, Kuno:
Einführung in die philosophische Anthropologie / Kuno Lorenz. – 2., unveränd. Aufl. – Darmstadt: Wiss. Buchges., 1992
(Die Philosophie)
ISBN 3-534-04879-2

Bestellnummer 04879-2

2., unveränderte Auflage 1992

Gedruckt auf säurefreiem und alterungsbeständigem Offsetpapier
Gesamtherstellung: Wissenschaftliche Buchgesellschaft, Darmstadt
Printed in Germany
Schrift: Garamond, 9.5/11

ISSN 0174-0997
ISBN 3-534-04879-2

Für Marc-Andor und Benjamin

INHALT

INHALT

VORWORT

Auch ich möchte der alten Tradition folgen, diskursiven Texten einige Sätze als Vorwort mitzugeben, damit der Leser etwas mehr über die Herkunft eines solchen Buches erfährt, als sich dem Text selbst entnehmen läßt. Die Leserinnen aber mögen mich nicht für herzlos halten, daß ich sie grammatisch dem Maskulinum zuordne; nur kopflos können Formen der Sprache für Formen der Welt gehalten werden.

Einige Erläuterungen sind gewiß schon deshalb willkommen, weil dieses Buch seit vielen Jahren ‹Zur Subskription› angekündigt war und sich langsam eine schließlich wohl eher frustrierende Erwartung bei künftigen Lesern, beim Verlag, aber auch beim Autor gebildet hat, über die jedenfalls der Autor nicht stillschweigend hinweggehen sollte.

Der Verlag hatte ursprünglich Wilhelm Kamlah gebeten, eine ‹Einführung in die philosophische Anthropologie› zu schreiben. Kamlah jedoch war es daraufhin gelungen, mich – und offensichtlich auch den Verlag – davon zu überzeugen, ich könne dies an seiner Statt tun. So bekäme ich Gelegenheit, zwei Interessen miteinander zu verbinden, denen ich zuvor schon, nur schön säuberlich getrennt als 'Laie' und als 'Fachmann', nachgegangen war: Verfolgen und Prüfen von Überlegungen zur *conditio humana* im literarischen Gewand, besonders bei Albert Camus, einerseits und Anwenden mathematisch-logischen und dazu noch sprachphilosophischen Trainings gegenüber Problemen, die sich der Welt-Sprache-Differenz verdanken, andererseits.

Kamlah selbst hatte seine nur wenige Jahre vor seinem Freitod erschienene ›Philosophische Anthropologie‹ als Ergebnis einer solchen Verbindung existenzphilosophischer und sprachanalytischer Interessen verstanden, mir indessen stand außer allgemeiner Zuversicht und ungebrochenem Vertrauen in die Eignung logischer Schulung auch für die Behandlung der Frage ‹Was ist der Mensch?› nichts sonst zur Verfügung, das diese Verbindung beim Schreiben einer ‹Einführung in die philosophische Anthropologie› glaubhaft hätte herstellen lassen.

Zwar wußte ich, daß es nahezu spiegelbildliche Entsprechungen nach Verfahren und Ergebnis in den anthropologischen Gedankengängen bei Camus und bei Kamlah gibt, aber vom Ausmaß der Schwierigkeiten, die sich einstellen, will man durch einen systematischen Gedankengang erreichen, daß dieser Zusammenhang für den Leser nicht wie das Ergebnis einer intellektuellen Spielerei aussieht, hatte ich nicht die geringste Vorstellung.

Es ist also nicht zufällig, wenn Camus und Kamlah, die beiden 'Urheber' meiner Einwilligung zu einem Abenteuer, erst am Ende dieser ‹Einführung› einander gegenübergestellt werden.

Glücklicherweise gab es zunächst keine Zeitprobleme. Die großzügige Planung des Verlages ließ mir den Spielraum, im Zusammenhang der Erarbeitung eines gewissen Repertoires an philosophischen Vorlesungen mit einer von ihnen ein Versuchsfeld für eine sowohl historisch wie systematisch verfahrende und nur dadurch auch reflexiv mögliche philosophische Anthropologie aufzutun, das nach wechselvollen und häufig lange unterbrochenen Diskussionen mit Freunden und Kollegen, mit Studenten und Mitarbeitern, ganz besonders aber mit meiner Frau, zu ersten Fassungen des vorliegenden Buches geführt hat.

Gleichwohl bedurfte es noch mindestens zweier Schritte, um die Überzeugung festigen zu können, es lasse sich in einer philosophischen Anthropologie ein einheitlicher, auch in seinen Verzweigungen überzeugender Gedankengang durchhalten.

Der eine Schritt bestand darin, zu durchschauen, daß der in der dialogischen Logik erstmals erfolgreich beschrittene Weg, Dialogsituationen als Basis für den systematischen Aufbau einer Theorie zu nutzen, bei seiner Verallgemeinerung zu einem Beginn mit lehrend und lernend erworbenen Fertigkeiten nicht zu einer bloß aus praktischen Gründen unvermeidlichen Konzession an zu unterstellendes gemeinsames Können oder sogar Wissen verwässert werden darf;[1] darauf liefe es nämlich hinaus, glaubte man, es ginge nur darum, die philosophische Naivität oder aber Hybris zu vermeiden, die beide darin liegen, einen Anfang *ab ovo*, und sei es auch nur auf der Legitimationsebene, in Gestalt einer 'Voll'- oder 'Letzt'-Begründung zu versuchen: Mit der dialogischen Komponente im philosophischen Konstruktivismus, wie ich sie unter dem Titel ›Dialogischer Konstruktivismus‹ in einem größeren historischen und systematischen

[1] So z. B. in dem von W. Kamlah und P. Lorenzen gemeinsam veröffentlichten Buch ›Logische Propädeutik. Vorschule des vernünftigen Redens‹, Mannheim 1967.

Zusammenhang andernorts vorgestellt habe,[2] wird artikuliert, was für das theoretische und praktische Umgehen-Können mit Situationen, auf einfachen wie auf entwickelten Stufen, unerläßlich ist – *nur im Spiegel des jeweiligen Gegenüber ist es möglich, auf sich zu reflektieren.*

Den anderen Schritt verdanke ich der auf die Mitarbeit an der ›Enzyklopädie Philosophie und Wissenschaftstheorie‹ (hrsg. v. J. Mittelstraß) zurückgehenden Intensivierung meiner Beschäftigung mit nichteuropäischen philosophischen Traditionen, in diesem Fall mit methodologischen Einsichten der buddhistischen Philosophie: Statt ein vermeintlich Fremdes mit Aspekten des Eigenen gleichzusetzen – mein Gegenüber ist dann zu einem amputierten Teil von mir selbst gemacht – oder aber für unzugänglich, wenn nicht gar – im Namen angeblich 'universeller' Werte – für unzulänglich zu halten, gibt es einen dritten Weg. Dieser Weg, der darin besteht, das vermeintlich Eigene durch Prozesse des Abbaus und Aufbaus immer wieder aufzulösen, wird übrigens, derart von außen beleuchtet, auch als Triebfeder so mancher philosophischer Überlegungen unserer eigenen Tradition erkennbar, etwa bei J. G. Herder oder bei C. S. Peirce – *Fremdes läßt sich lernend aneignen.*

Natürlich war es eine große Versuchung, an dieser Stelle nicht innezuhalten, sondern der Verlockung nachzugeben, sich von nun an allein nachdenkend zu einer weiteren Klärung des Zusammenhangs von Reflexion mit den einander gegenläufigen Prozessen der Vergegenständlichung ('Semiotisierung') und der Aneignung ('Pragmatisierung') aufzumachen.

Ohne die mittlerweile ebenso bestimmt gewordene wie freundlich gebliebene Ungeduld des Verlages wäre eine Überführung der Entwürfe in ein lesbares Manuskript von einer grundsätzlich unfruchtbaren Folge weiterer Entwürfe ersetzt und die naturgemäß immer nur vorläufig bleibende Fertigstellung unabsehbar verzögert worden.

Ich möchte an dieser Stelle allen, die mich auf verschiedenste Weise ermutigt haben, einem Schnitt in einem fortdauernden Prozeß nicht mehr auszuweichen, ihn vielmehr als Stadium eben

[2] In dem von K. Salamun herausgegebenen Sammelband ›Was ist Philosophie?‹, Tübingen [2]1986; nicht zu verwechseln mit dem umstrittenen 'radikalen Konstruktivismus' in der Erkenntnistheorie, wie er z. B. von S.J. Schmidt als Herausgeber vorgestellt wird in ›Der Diskurs des Radikalen Konstruktivismus‹, Frankfurt a.M. 1987.

dieses Prozesses selbst zu begreifen, von Herzen danken. Dabei nicht minder all jenen, die mich bei der Verwirklichung des Schnitts tatkräftig unterstützt haben. Sie allein haben es mir ermöglicht, Fehler und Unzulänglichkeiten der hier publizierten Fassung nicht mehr zu fürchten.

Saarbrücken, im Januar 1990 Kuno Lorenz

EINLEITUNG

> Un homme sans *autres* n'est pas un homme. Il ignore presque tout ce qui définit l'homme, ignore qu'il naquit, qu'il mourra, comme il ignore ses traits. Les autres et leur destin nous sont comme des miroirs.
>
> Paul Valéry, Mauvaises pensées et autres

Es liegt nahe, den Titel ‹Philosophische Antropologie› für eine Verlegenheit zu halten, weil ‹Anthropologie› allein, ohne einschränkendes Attribut, ein so vielfältig nach den verschiedensten Einzelwissenschaften gegliedertes Gebiet bezeichnet, daß in einem einführenden Text, dessen Absicht es ist, über den Stand der Antwort auf die Frage ‹Was ist der Mensch?› zu berichten, nur sehr allgemeine Überlegungen Platz finden können. Es sind solche, die aus den unzähligen Ergebnissen wissenschaftlicher Untersuchungen die Quintessenz zu ziehen scheinen und deshalb nach einer hergebrachten Ansicht, derzufolge die Philosophie eine zur Zusammenschau verpflichtete 'Überwissenschaft' ist, ‹philosophisch› heißen sollen.

Verlegenheit mag auch daher rühren, daß ‹philosophisch› als Lizenz zu freier Spekulation verstanden wird, die von der Pflicht, nur wissenschaftlich bewährten Verfahren zu folgen und auch nur entsprechend gesicherte Ergebnisse heranzuziehen, entbunden ist. Wiederum ist dies ersichtlich das Erbe einer die Aufgabe der Philosophie charakterisierenden Ansicht: Philosophie ist als 'Grundwissenschaft' mit dem jenseits aller empirischen Wandlungen liegenden Wesentlichen befaßt, hier also mit dem 'Wesen des Menschen', und daher unbeeinflußt von den grundsätzlich kontingenten Resultaten der verschiedenen Wissenschaften vom Menschen.

Schon der Titel dieser Einführung signalisiert deshalb ein Statusproblem: Soll es sich um eine Übersicht über diejenigen empirisch gesicherten Aussagen über Menschen handeln, die möglichst allgemein, für Menschen zu jeder Zeit und an allen Orten, gelten, also 'empirische Universalien' der anthropologischen Wissenschaften sind, oder darf man einen spekulativen Zusammenhang nichtempirischer Aussagen über das 'Wesen des Menschen' erwarten, dessen den Gang empirischer Untersuchungen tatsächlich, wenn auch selten bewußt, leitende Funktion in offenbar 'wissenschaftskritischer' Absicht freigelegt wird; oder ist dies vielleicht gar keine erschöpfende Alternative?

In beiden Fällen nämlich wird Anthropologie als philosophische Disziplin eine der *reaktiven* Disziplinen, wie Naturphilosophie oder Geschichtsphilosophie: „sie" – so hat es Jürgen Habermas (*1929) treffend ausgedrückt – „begründen die Wissenschaften nicht mehr, sie verarbeiten sie; sie lassen Wissenschaften nicht mehr 'entspringen', sie müssen sie sich 'geben' lassen"[1]. Entweder so, daß erst die verschiedenen empirischen Einzelwissenschaften vom Menschen ein Stück weit ausgebildet sein müssen, um einer zusammenfassenden philosophischen Deutung, dem Aufbau eines wissenschaftlich fundierten 'Menschenbildes', die Bausteine geben zu können, oder so, daß schon die gesamte philosophische Tradition als eine wissenschaftliche Bemühung, wenngleich nicht im modernen, an empirischer Forschung orientierten Sinn, verstanden wird, deren auf den Menschen, seine Eigenschaften und seine Leistungen gerichtete Anteile ein Menschenbild in sich schließen, das in seinen vielfältigen Facetten herausgearbeitet und in einer philosophischen Anthropologie mit dem Ziel, eine 'Wesensbestimmung' des Menschen zu geben, dargestellt werden kann.

Ob 'empirische Universalien' oder 'spekulatives Wesen', in beiden Fällen gehen Untersuchungen über den Menschen *voraus*, und Anthropologie, philosophisch verstanden, wird ein Überbau und keinesfalls ein Fundament solcher Untersuchungen. Die Differenz, die bleibt, ist eine, die den Gegensatz zwischen den beiden Begründern der modernen philosophischen Anthropologie in diesem Jahrhundert bestimmt, zwischen Helmuth Plessner (1892–1985) und Max Scheler (1874–1928): Plessner erklärt die philosophische Anthropologie zu einer neuen, erst *nach* dem Aufbau der empirischen Einzelwissenschaften vom Menschen möglich werdenden 'integrativen' Disziplin, die den Menschen selbst und nicht bloß seine Eigenschaften und Leistungen, die von den Einzelwissenschaften untersucht werden, zum Gegenstand hat; Scheler hingegen behandelt die

[1] Habermas 1958, S. 20.

philosophische Anthropologie als gleichursprünglich mit der Philosophie selbst. Nur deshalb, weil eine Untersuchung der menschlichen Leistungen, solange diese zu gelingen scheinen, eine ausdrückliche Rückblende auf das Subjekt solcher Leistungen nicht erforderlich macht, gab es nach Scheler historisch bis in die Neuzeit keine Anthropologie als selbständige philosophische Disziplin.

Nicht verwunderlich daher, daß bei Scheler ältere Bestimmungsstücke, in der Formel vom Menschen als *animal rationale*, dem vernünftigen Lebewesen, kondensiert und tradiert, im Zentrum seiner Erörterungen stehen – er hat sie noch kurz vor seinem Tode 1928 im Vorgriff auf ein unter dem Titel ‹Philosophische Anthropologie› geplantes Werk in der Schrift ›Die Stellung des Menschen im Kosmos‹ zusammengefaßt –, während Plessner einen Anlauf nimmt, überlieferte Polaritäten, insbesondere den cartesischen Dualismus von *res cogitans* (Bewußtsein) und *res extensa* (Körper), zu überwinden, und auf der Grundlage eines einheitlichen, auf der Deutung von Resultaten empirischer Wissenschaften beruhenden biologisch-sozialen Entwicklungsprozesses der menschlichen Individuen und des Menschen als Gattung eine eigene Bestimmung des Menschen, seine 'Exzentrizität' gewinnt: Insofern der Mensch weiß, daß er sich mit einem Teil seiner selbst, seinem 'Zentralorgan', repräsentiert, er ein *Leib ist* und zugleich einen *Körper hat*, kommt ihm nicht nur wie den Tieren 'Positionalität', ein vollzogenes Verhältnis von Leib und Umwelt, zu, sondern 'exzentrische Positionalität'; das bestimmte Verhältnis von Leib und Umwelt ist im Wissen um die (die Verhältnisbestimmung möglich machende) Repräsentation, im Darübersprechen-Können, zugleich aufgehoben. Auch Plessners, seine Auffassungen erstmals zusammenfassendes Hauptwerk ›Die Stufen des Organischen und der Mensch. Einleitung in die philosophische Anthropologie‹ ist 1928 erschienen.

Es ist auffällig, daß bei aller Unterschiedenheit im Aufbau einer philosophischen Anthropologie durch die beiden Begründer, im 'Traditionalismus' Schelers und im 'Modernismus' Plessners, gleichwohl ein den Menschen auszeichnendes Merkmal übriggeblieben ist, das die Selbsteinschätzung des Menschen seit der Antike bestimmt hat und noch heute grundsätzlich bestimmt, nämlich seine Fähigkeit zur Vernunft. Die Fähigkeit zur Rationalität, wie man auch sagt, erscheint bei Scheler als eine, frei von den Abhängigkeiten des Lebens, in 'vollendeter Sachlichkeit' und damit 'weltoffen' auftreten zu können, und das heißt für ihn, der Mensch ist Träger des 'Prinzips Geist'.

Das, was den Menschen allein zum 'Menschen' macht, ist nicht eine neue Stufe des Lebens – erst recht nicht nur eine Stufe der *einen* Manifestationsform dieses Lebens, der 'Psyche' –, sondern es ist ein allem und *jedem Leben überhaupt, auch dem Leben im Menschen entgegengesetztes Prinzip*: eine echte neue Wesenstatsache, die als solche überhaupt nicht auf die 'natürliche Lebensevolution' zurückgeführt werden kann [...]. Schon die Griechen behaupteten ein solches Prinzip und nannten es ‹Vernunft›. Wir wollen lieber ein umfassenderes Wort für jenes X gebrauchen [...]: das Wort ‹Geist› [...]. *Was aber ist nun jener 'Geist'*, jenes neue und so entscheidende Prinzip?[...]. Stellen wir hier an die Spitze des Geistbegriffes seine besondere Wissensfunktion, die Art Wissen, die nur er geben kann, dann ist die Grundbestimmung eines geistigen Wesens, wie immer es psychophysisch beschaffen sei, *seine existentielle Entbundenheit vom Organischen*, seine Freiheit, Ablösbarkeit – oder doch die seines Daseinszentrums – von dem Bann, von dem Druck, von der Abhängigkeit vom *Organischen*, vom '*Leben*' und allem, was zum Leben gehört – also auch von seiner eigenen triebhaften 'Intelligenz'. Ein 'geistiges' Wesen ist also nicht mehr trieb- und umweltgebunden, sondern 'umweltfrei' und, wie wir es nennen wollen, '*weltoffen*': Ein solches Wesen hat '*Welt*'. Ein solches Wesen vermag ferner die auch ihm ursprünglich gegebenen 'Widerstands'- und Reaktionszentren seiner Umwelt, die das Tier allein hat und in die es ekstatisch aufgeht, zu 'Gegenständen' zu erheben und das *Sosein* dieser Gegenstände prinzipiell *selbst* zu erfassen, ohne die Beschränkung, die diese Gegenstandswelt oder ihre Gegebenheit durch das vitale Triebsystem und die ihm vorgelagerten Sinnesfunktionen und Sinnesorgane erfährt. Geist ist daher *Sachlichkeit*, Bestimmbarkeit durch das Sosein von Sachen selbst. Geist 'hat' nur ein zu vollendeter Sachlichkeit fähiges Lebewesen.[2]

Bei Plessner hingegen erscheint die Fähigkeit zur Rationalität als Selbstbewußtsein, als Fähigkeit zur Selbstreflexion mit dem Resultat, daß allein der Mensch nicht schlicht lebt, sondern sein Leben führt; er muß sich zu dem, was er ist, erst machen.

Die volle Reflexivität ist dem lebendigen Körper auf der tierischen Stufe verwehrt. Sein in ihm Gesetztsein, sein Leben aus der Mitte bildet zwar den Halt seiner Existenz, steht aber nicht in Beziehung zu ihm, ist ihm nicht gegeben. Hier ist also noch die Möglichkeit einer Realisierung offen. Die These lautet dahin, daß sie dem Menschen vorbehalten bleibt. Welche Bedingungen müssen erfüllt sein, damit einem lebendigen Ding das Zentrum seiner Positionalität, in dem es aufgehend lebt, kraft dessen es erlebt und wirkt, gegeben ist? Offenbar als Grundbedingung die, daß das Zentrum der Positionalität, auf dessen Distanz zum eigenen Leib die Möglichkeit aller Gegebenheit ruht, zu sich selbst Distanz hat.[3]

[2] Scheler 1928, S. 37–39.
[3] Plessner 1928, S. 361.

Solange man allerdings das positionale Zentrum, das Subjekt als eine fix und fertig vorhandene Größe denkt, die es einfach gibt wie irgendein körperliches Merkmal, kommt man an der Vermannigfachung und allen damit verbundenen Unmöglichkeiten nicht vorbei [...]. Eine positionale Mitte gibt es nur im Vollzug. Sie ist das, wodurch ein Ding zur Einheit einer Gestalt vermittelt wird: das Hindurch der Vermittlung. Als Moment der Positionalität ist es noch nicht in Funktion gesetztes Subjekt. Dazu bedarf es einer besonderen Wendung. Es muß das positionale Moment Konstitutionsprinzip eines Dinges werden. Damit ist es in seine eigene Mitte gesetzt, in das Hindurch seines zur Einheit vermittelten Seins, – und die Stufe des Tieres ist erreicht. Nach diesem Gesetz, wonach das Moment der niederen Stufe, als Prinzip gefaßt, die nächsthöhere Stufe ergibt und zugleich als Moment in ihr auftritt ('erhalten' bleibt), läßt sich ein Wesen denken, dessen Organisation nach Maßgabe der positionalen Momente des Tieres konstituiert ist. Dieses Individuum ist in das in seine eigene Mitte Gesetztsein gesetzt, durch das Hindurch seines zur Einheit vermittelten Seins. Es steht im Zentrum seines Stehens. Damit ist die Bedingung gegeben, daß das Zentrum der Positionalität zu sich selbst Distanz hat, von sich selbst abgehoben die totale Reflexivität des Lebenssystems ermöglicht. Sie ist gegeben ohne widersinnige Verdoppelung des Subjektkerns, lediglich im Sinne der Positionalität. Sein Leben aus der Mitte kommt in Beziehung zu ihm, der rückbezügliche Charakter des zentral repräsentierten Körpers ist ihm selbst gegeben. Obwohl auch auf dieser Stufe das Lebewesen im Hier-Jetzt aufgeht, aus der Mitte lebt, so ist ihm doch die Zentralität seiner Existenz bewußt geworden. Es hat sich selbst, es weiß um sich, es ist sich selber bemerkbar und darin ist es *Ich*, der 'hinter sich' liegende Fluchtpunkt der eigenen Innerlichkeit, der jedem möglichen Vollzug des Lebens aus der eigenen Mitte entzogen den Zuschauer gegenüber dem Szenarium dieses Innenfeldes bildet, der nicht mehr objektivierbare, nicht mehr in Gegenstandsstellung zu rückende Subjektpol. Zu immer neuen Akten der Reflexion auf sich selber, zu einem *regressus ad infinitum* des Selbstbewußtseins ist auf dieser äußersten Stufe des Lebens der Grund gelegt und damit die Spaltung in Außenfeld, Innenfeld und Bewußtsein vollzogen [...]. Es [lies: das lebendige Ding] bleibt zwar wesentlich im Hier-Jetzt gebunden, es erlebt auch ohne den Blick auf sich, hingenommen von den Objekten des Umfeldes und den Reaktionen des eigenen Seins, aber es vermag sich von sich zu distanzieren, zwischen sich und seine Erlebnisse eine Kluft zu setzen. Dann ist es diesseits und jenseits der Kluft, gebunden im Körper, gebunden in der Seele und zugleich nirgends, ortlos außer aller Bindung in Raum und Zeit, und so ist es Mensch.[4]

Der Mensch als das lebendige Ding, das in die Mitte seiner Existenz gestellt ist, weiß diese Mitte, erlebt sie und ist darum über sie hinaus. Er erlebt die Bindung im absoluten Hier-Jetzt, die Totalkonvergenz des Umfeldes und

[4] A. a. O., S. 362 f.

des eigenen Leibes gegen das Zentrum seiner Position und ist darum nicht mehr von ihr gebunden. Er erlebt das unmittelbare Anheben seiner Aktionen, die Impulsivität seiner Regungen und Bewegungen, das radikale Urhebertum seines lebendigen Daseins, das Stehen zwischen Aktion und Aktion, die Wahl ebenso wie die Hingerissenheit in Affekt und Trieb, er weiß sich frei und trotz dieser Freiheit in eine Existenz gebannt, die ihn hemmt und mit der er kämpfen muß. Ist das Leben des Tieres zentrisch, so ist das Leben des Menschen, ohne die Zentrierung durchbrechen zu können, zugleich aus ihr heraus, exzentrisch.[5]

Als exzentrisch organisiertes Wesen muß er sich zu dem, was er *schon ist, erst machen.* Nur so erfüllt er die ihm mit seiner vitalen Daseinsform aufgezwungene Weise, im Zentrum seiner Positionalität – nicht einfach aufzugehen, wie das Tier, das aus seiner Mitte heraus lebt, auf seine Mitte alles bezieht, sondern zu stehen und so von seiner Gestelltheit zugleich zu wissen. Dieser Daseinsmodus des in seiner Gestelltheit Stehens ist nur als *Vollzug* vom Zentrum der Gestelltheit aus möglich. Eine derartige Weise zu sein ist nur als Realisierung durchführbar. Der Mensch lebt nur, indem er sein Leben führt.[6]

Was so bei Scheler wie bei Plessner allein als Gegenstandsbestimmung, als Bestimmung des 'Gegenstands' Mensch auftritt, ohne für den Aufbau ihrer Anthropologie selbst entscheidend in Anspruch genommen zu werden, das soll für die hier folgende Darstellung den Ausgangspunkt bilden. Ein Versuch, philosophische Anthropologie als *reflexive* Disziplin zu treiben, ist durch die vorliegenden Ansätze durchaus noch nicht als ungeeignet oder gar unmöglich erwiesen. Vielmehr gibt es zahlreiche, die Anthropologie als philosophische Disziplin betreffende Überlegungen, auch in der älteren philosophischen Tradition, die der Anthropologie die Rolle einer Grundlegung jeder Rede vom Menschen und damit einer Grundlegung der Philosophie im ganzen zuweisen, wenn man unter Philosophie den Zusammenhang derjenigen Überlegungen versteht, die der Orientierung von Menschen in ihrer Welt dienen.

So hat Immanuel Kant (1724–1804) in der Erläuterung zu den vier Fragen, auf die er das Geschäft der Philosophie 'nach dem Weltbegriff', nämlich als Wissenschaft von den letzten Zwecken der menschlichen Vernunft, in seiner im Jahre 1800 von einem Schüler veröffentlichten Logik-Vorlesung bringt – 1. Was kann ich wissen? 2. Was soll ich tun? 3. Was darf ich hoffen? 4. Was ist der Mensch? –, die ersten drei Fragen als ausdrücklich auf die letzte bezogen er-

[5] A. a. O., S. 364.
[6] A. a. O., S. 383 f.

klärt, so daß beim Aufbau einer Anthropologie zugleich alles in diesen Fragen vereinigte Interesse der Vernunft verfolgt würde, unbeschadet der Tatsache, daß er im Abschnitt ‹Von dem Ideal des höchsten Guts, als einem Bestimmungsgrunde des letzten Zwecks der reinen Vernunft› gegen Ende der ›Kritik der reinen Vernunft‹ die Erörterung dieser drei Fragen nicht auf die Frage ‹Was ist der Mensch?› bezieht, ist doch wenig später, im Abschnitt ‹Die Architektonik der reinen Vernunft›, der Endzweck der menschlichen Vernunft durchaus als „ganze Bestimmung des Menschen“[7] benannt worden. Die philosophische Aufgabe, beim Versuch der Beantwortung der ersten drei Fragen „(1) die Quellen des menschlichen Wissens, (2) den Umfang des möglichen und nützlichen Gebrauchs alles Wissens, und endlich (3) die Grenzen der Vernunft“[8] aufzusuchen, ist, so formuliert, als Aufgabe einer philosophischen Anthropologie erkennbar, auch wenn Kant selbst unter dem Titel ›Anthropologie in pragmatischer Hinsicht‹ (1798) nur Vorlesungen über Menschenkunde gehalten und dieses gerade nicht mehr getan hat.

Martin Heideggers (1889–1976) Schluß aus dieser kantischen Inkonsequenz, wie er ihn in seiner Max Scheler gewidmeten Arbeit ›Kant und das Problem der Metaphysik‹ (1929) gezogen hat, Kant gehe es in den ersten drei Fragen um die Endlichkeit des Menschen, während das Endlich-Sein selbst zum Gegenstand der vierten Frage gemacht werde, und daß deshalb diese vierte Frage gar keine anthropologische Frage mehr sei, sondern eine 'fundamentalontologische' Frage – nach dem 'Sein des Daseins im Menschen' selber –, ist bereits von Martin Buber (1878–1965), Schüler Wilhelm Diltheys (1833–1911), in seiner Schrift ›Das Problem des Menschen‹ (1948) überzeugend als Fehlschluß charakterisiert worden. Kants Akzent liegt auf Wissen, Tun und Hoffen, nicht auf Können, Sollen und Dürfen. Die kantische Inkonsequenz sollte nach Bubers Meinung vielmehr so gelesen werden, daß Kant selbst bereits bemerkt habe, die Rolle einer Grundlegung für die Philosophie im ganzen vermöge die Anthropologie gar nicht zu spielen, weil vom Menschen nie prinzipiell, sondern nur ihn in seiner Vielfalt beschreibend die Rede sein könne. Hier macht sich bemerkbar, daß auch Buber noch in jener Tradition der Philosophie steht, die sich als Prinzipienforschung versteht, eine Tätigkeit, die gerade unter Ausblenden des konkret philosophierenden Menschen nur auf das objektiv Seiende und auf

[7] Kritik der reinen Vernunft A 840.

[8] Logik A 26.

das allgemein Geltende zielt, und eben nicht als Kunst, Meinungen und Wünsche auch mit Gründen und Gegengründen, Argumenten also, versehen zu können, eine Tätigkeit, die auf theoretisches und praktisches Einvernehmen zwischen Menschen aus ist.

Aus Sorge, konkret vorgebrachte Gründe – und 'Prinzipien' sind nichts anderes als 'erste Gründe' – könnten unsachlich, unüberlegt, nicht wirklich Gründe sein – was in jedem Verdachtsfall wiederum nur durch Argumente ermittelt werden kann –, wurde in der philosophischen Tradition eine scharfe Trennung zwischen demjenigen, das bloß empirisch vorhanden oder *de facto* anerkannt, und demjenigen, das rational, nämlich rechtmäßig, *de jure*, begründet ist, ausgebildet. Sie hat dazu geführt, jeden Beginn philosophischer Reflexion unter ausdrücklicher Berufung auf eine konkret gegebene Situation zusammen mit den Menschen, die in ihr leben, als eine nicht im strengen Sinne philosophische Tätigkeit anzusehen. Jeder Anfang inmitten von etwas 'Gegebenem' tauge allenfalls für die Ausbildung von Einzelwissenschaften, nicht aber für die sich ausschließlich an Prinzipien orientierende Philosophie. Hierin stimmen auch Buber und Heidegger noch miteinander überein, auch wenn sie für eine Anthropologie als eine philosophische Disziplin radikal verschiedene Konsequenzen ziehen.

Buber erklärt:

Aber auch die philosophische Anthropologie selbst kann sich nicht zur Aufgabe setzen, eine Grundlegung sei es der Metaphysik, sei es der einzelnen philosophischen Wissenschaften zu schaffen. Sie würde, wenn sie die Frage ‹Was ist der Mensch?› in solcher Allgemeinheit zu beantworten suchte, daß daraus Antworten auf die anderen Fragen abzuleiten wären, gerade die Wirklichkeit ihres Gegenstandes verfehlen. Denn sie würde statt seiner echten Ganzheit, die nur durch Zusammenschau all seiner Vielfältigkeit sichtbar werden kann, eine falsche, wirklichkeitsfremde, wirklichkeitsleere Einheit erreichen. Eine legitime philosophische Anthropologie muß wissen, daß es nicht bloß eine Menschengattung, sondern auch Völker, nicht bloß eine Menschenseele, sondern auch Typen und Charaktere, nicht bloß ein Menschenleben, sondern auch Altersstufen gibt; erst aus der systematischen Erfassung dieser und aller anderen Differenzen, aus der Erkenntnis der innerhalb jeder Sonderheit und zwischen ihnen waltenden Dynamik und aus dem stets neuen Erweis des Einen im Vielen kann sie die Ganzheit des Menschen erblicken [...]. Die philosophische Anthropologie geht nicht darauf aus, die philosophischen Probleme auf die menschliche Existenz zurückzuführen und die philosophischen Disziplinen sozusagen von unten statt von oben zu begründen. Sie geht lediglich darauf aus, selber den Menschen zu erkennen. Aber damit ist ihr freilich eine von allen anderen Aufgaben des Denkens schlechthin verschiedene Aufgabe aufgestellt. Denn in der philosophischen

Anthropologie ist dem Menschen eben er selbst im genauesten Sinn zum Gegenstand gegeben. Hier, wo es um die Ganzheit geht, kann der Forscher sich nicht, wie in der Anthropologie als Einzelwissenschaft, damit begnügen, den Menschen wie irgendeinen anderen Teil der Natur zu betrachten und davon abzusehen, daß er, der Forscher, selber Mensch ist und sein Menschsein in der inneren Erfahrung in einer Weise erfährt, wie er schlechthin keinen Teil der Natur zu erfahren imstande ist, in einer ganz anderen Dimension des Seins, in einer Dimension, in der er von allen Teilen der Natur eben nur diesen einen erfährt. Philosophische Erkenntnis des Menschen ist ihrem Wesen nach eine Selbstbesinnung des Menschen, und der Mensch kann sich auf sich selbst eben nur so besinnen, daß sich zunächst die erkennende Person, der Philosoph also, der Anthropologie treibt, auf sich selber als Person besinnt.[9]

Gegenüber dieser Aufgabe einer Selbstbesinnung des Menschen, die, auch wenn Buber sie als ungeeignet ansieht, daraus eine Grundlegung der Philosophie im ganzen zu entwickeln, genau diejenige Charakterisierung der philosophischen Anthropologie als einer reflexiven Disziplin bildet, die den Gang meiner Darstellung bestimmen soll, wandelt Heidegger die philosophisch betriebene Anthropologie, damit sie die Aufgabe einer Grundlegung der Philosophie schließlich doch erfüllen könne, in die von ihm geschaffene 'Fundamentalontologie' um:

Keine Anthropologie, die ihr eigenes Fragen und dessen Voraussetzungen noch versteht, kann beanspruchen, auch nur das Problem einer Grundlegung der Metaphysik zu entwickeln, geschweige denn, sie durchzuführen. Die für eine Grundlegung der Metaphysik notwendige Frage, was der Mensch sei, übernimmt die Metaphysik des Daseins.[10]

Auf dem Grunde des Seinsverständnisses ist der Mensch das Da, mit dessen Sein der eröffnende Einbruch in das Seiende geschieht, so daß dieses sich als solches für ein Selbst bekunden kann. *Ursprünglicher als der Mensch ist die Endlichkeit des Daseins in ihm* [...]. Wenn der Mensch nur der Mensch ist *auf dem Grunde des Daseins in ihm*, dann kann die Frage nach dem, was ursprünglicher ist als der Mensch, grundsätzlich keine anthropologische sein. Alle Anthropologie, auch die philosophische, hat den Menschen schon als Menschen gesetzt. Das Problem der Grundlegung der Metaphysik findet seine Wurzel in der Frage nach dem Dasein im Menschen, d. h. nach dessen innerstem Grunde, nach dem Seinsverständnis als der wesenhaft existenten Endlichkeit. Diese Frage nach dem Dasein fragt, welchen Wesens das so bestimmte Seiende sei. Sofern dessen Wesen in der Existenz liegt, ist die Frage

[9] Buber 1948, S. 17–19.
[10] Heidegger ^{2}1951, S. 208.

nach dem Wesen des Daseins die existenziale. Jede Frage nach dem Sein eines Seienden und gar die Frage nach dem Sein desjenigen Seienden, zu dessen Seinsverfassung die Endlichkeit als Seinsverständnis gehört, ist aber Metaphysik.[11]

Die von der Grundlegungsfrage geführte Metaphysik des Daseins soll dessen Seinsverfassung in der Weise enthüllen, daß diese als die innere Ermöglichung des Seinsverständnisses sichtbar wird. Die Enthüllung der Seinsverfassung des Daseins ist Ontologie. Sofern in ihr der Grund der Möglichkeit der Metaphysik – die Endlichkeit des Daseins als deren Fundament – gelegt werden soll, heißt sie Fundamentalontologie. Im Gehalt dieses Titels ist das Problem der Endlichkeit im Menschen in Absicht auf die Ermöglichung des Seinsverständnisses als das Entscheidende eingeschlossen.[12]

Was gleichwohl Heideggers Vorgehensweise von der klassischen philosophischen Tradition unterscheidet, ist die Auszeichnung ausgewählter menschlicher Daseinsweisen, an deren Leitfaden er die hergebrachten philosophischen Fragen nach dem objektiv Seienden und dem allgemein Geltenden zu entfalten sucht. Diese Zweideutigkeit – Selbstbesinnung und (unter anderem Reflexion selbst in einen 'objektiven' Gegenstand verwandelnde) Wesensschau sind unentwirrbar ineinander verschlungen – hat ihm wiederholt von Vertretern der klassischen Tradition, zuerst von seinem Lehrer Edmund Husserl (1859–1938), den Vorwurf des 'Anthropologismus' eingetragen und macht es verständlich, warum er zu der gegen die klassische Tradition aufbegehrenden Existenzphilosophie gerechnet worden ist, in der, vor allem unter Berufung auf Søren Kierkegaard (1813–1855), der einzelne, sich selbst fraglich gewordene Mensch im Mittelpunkt steht.

Überhaupt waren es vor allem die Träger der Opposition gegen die klassische philosophische Tradition, die auf der Ausarbeitung des Zusammenhangs der philosophischen Disziplinen mit dem sie ausübenden Menschen bestanden und in diesem Sinn eine philosophische Anthropologie als Grundlegung der Philosophie verstanden wissen wollten. Es beginnt mit dem Ahnherrn des Pragmatismus, dem Sophisten Protagoras (ca. 485–415 v.Chr.), der in seinem Homo-mensura-Satz – der Mensch ist das Maß aller Dinge, der seienden, daß sie sind, der nicht seienden, daß sie nicht sind – das Motto angeschlagen hat, dem sich keine ernsthaften Bemühungen

[11] A.a.O., S. 206 f.
[12] A.a.O., S. 209.

um eine philosophische Anthropologie entziehen können. Es findet sich aber ebenso bei demjenigen Gegner der Geschichtsphilosophie Georg Wilhelm Friedrich Hegels (1770–1831), dem der Marxismus seine entscheidenden Anstöße verdankt, bei Ludwig Feuerbach (1804–1872). Im Rückgriff auf die romantische Naturphilosophie erklärt er „den Menschen mit Einschluß der Natur, als der Basis des Menschen, zum alleinigen, universalen und höchsten Gegenstand der Philosophie – die Anthropologie also, mit Einschluß der Physiologie [dieser Zusatz geht gegen Kant, der die Physiologie ausdrücklich vom Bereich der Anthropologie ausschließt, K.L.], zur Universalwissenschaft"[13].

Wer sich daraufhin ermutigt fühlt, philosophische Anthropologie als eine reflexive Disziplin zu betreiben, muß sich dann mit dem offensichtlichen Dilemma befassen, wie ein hochkomplexer Gegenstand, der Mensch, sich ganz am Anfang philosophischer Bemühung unter Verzicht auf die Hilfestellung bereits ausgewiesener Einzelwissenschaften vom Menschen soll behandeln lassen, ohne der Gefahr zu erliegen, auf Selbstverständliches beschränkt zu bleiben, sofern Begründbarkeit verlangt wird, oder Unbegründbarkeit in Kauf zu nehmen, falls er mehr als Augenfälliges vertritt.

Buber hat sich in deutlich existenzphilosophischer Einstellung, wie wir bereits sahen, für die das 'Selbstverständliche' artikulierende Selbstbesinnung entschieden und den Gewinn angesichts des seines Erachtens nach unvermeidlichen Verzichts auf eine Grundlegung der Philosophie durch philosophische Anthropologie wie folgt charakterisiert:

Es genügt nicht, wenn er [lies: der philosophische Anthropologe] sein Selbst als *Objekt* des Erkennens einsetzt. Die *Ganzheit* der Person und durch sie die Ganzheit des *Menschen* erkennen kann er erst dann, wenn er seine *Subjektivität* nicht draußen läßt und nicht unberührter Betrachter [wie ein Wissenschaftler oder ein traditioneller Philosoph, K.L.] bleibt. Sondern er muß in den Akt der Selbstbesinnung in Wirklichkeit ganz eingehen, um der menschlichen Ganzheit innewerden zu können. Mit anderen Worten: Er muß diesen Akt des Hineingehens in jene einzigartige Dimension als *Lebensakt* vollziehen, ohne vorbereitete philosophische Sicherung, er muß sich also alledem aussetzen, was einem widerfahren kann, wenn man wirklich lebt. Hier erkennt man nicht, wenn man am Strande bleibt und den schäumenden Wogen zusieht, man muß sich dranwagen, sich dreinwerfen, man muß schwimmen, wach und mit aller Kraft, und mag da sogar ein Augenblick kommen, wo man fast die Besinnung zu ver-

[13] Grundsätze der Philosophie der Zukunft, § 54.

lieren meint: So und nicht anders wird die anthropologische Besinnung geboren.[14]

Für die Selbstbesinnung, in ähnlicher Hinwendung zur Existenzphilosophie, entschied sich auch Léopold Flam (*1912) in seiner Essaysammlung ›L'homme et la conscience tragique. Problèmes du temps présent‹ (1964), allerdings komplementär zu Buber für eine Selbstbesinnung, die das Augenfällige weit hinter sich läßt und der dafür eingehandelten Unbegründbarkeit mit dem stilistischen Mittel des philosophischen Essays begegnet, einem Appell an den Leser, dem Gedankengang auf eigenes Risiko zu folgen. Flam versteht seine Überlegungen als Fortsetzung der Gedankengänge Husserls in dessen zwischen 1934 und seinem Tode entstandenen Spätwerk ›Die Krise der europäischen Wissenschaften und die transzendentale Phänomenologie‹ (1937), die Husserl als Antwort auf Heideggers Herausforderung ausgebildet hat. Nur im Rückgang auf die 'Lebenswelt', die Welt der alltäglichen Verrichtungen, läßt sich der von der klassischen philosophischen und wissenschaftlichen Tradition in einzelnen historischen Schüben vollzogene Bruch mit einem menschlichen Leben, das sich nicht fragwürdig ist, begreifen und im Aufbau einer 'neuen', der Orientierung des Menschen in einer nicht mehr von der Tradition erschlossenen Welt dienenden Philosophie – von Flam ‹Ars Magna› genannt – überwinden. Buber unterschied Epochen der 'Behaustheit' und Epochen der 'Hauslosigkeit': „In den einen lebt der Mensch in der Welt wie in einem Hause, in den anderen lebt er in der Welt wie auf freiem Feld und hat zuweilen nicht einmal vier Pflöcke, ein Zelt aufzuschlagen."[15] Und nur in Epochen der Hauslosigkeit entsteht 'die anthropologische Frage'. Mit genau dieser Charakterisierung, sogar unter Verwendung derselben Bilder, beginnt Flam seinen ersten Essay:

L'homme a besoin d'un toit, d'une habitation, d'un lieu limité. Il se sent alors chez soi. Etre chez soi, avoir un chez soi, c'est avoir une raison de vivre. La raison est donc ce qui constitue la limite, ce qui nous donne une demeure, un être dans le devenir des choses. Perdre la raison, c'est donc perdre une place fixe, une demeure, un toit, c'est être exposé aux forces ennemies du monde. L'homme a d'abord limité sa demeure autour d'une place ou du souvenir d'un homme, d'un père et lentement, cette place est devenue une patrie, la place et l'homme se sont unis et sont devenus une raison personnifiée, pro-

[14] Buber 1948, S. 20f.

[15] A. a. O., S. 22f.; dialektisch verdichtet formuliert Jean Améry: „Man muß Heimat haben, um sie nicht nötig zu haben", in Améry 1966, S. 64.

tectrice et providentielle. Le temps lui-même fut limité, l'avenir appartint au présent et au passé, on pouvait le bien préparer, ce en quoi consistait la fonction de la raison.[16]

[Der Mensch braucht ein Dach, eine Wohnstätte, einen begrenzten Ort. Erst dann fühlt er sich zu Hause. Daheim zu sein, ein Zuhause zu haben, das heißt über einen Grund zu leben verfügen. Die Vernunft ist es also, die Grenzen setzt, uns eine Bleibe gibt, ein Verharren im Werden der Dinge. Die Vernunft zu verlieren bedeutet daher, einen festen Platz, eine Bleibe oder ein Dach einzubüßen, kurz, den feindseligen Kräften der Welt ausgeliefert zu sein. Ein Platz oder die Erinnerung an einen Menschen, einen Vater, bildeten zunächst den Pol, um den herum der Mensch seine Bleibe eingrenzte. Erst langsam ist dieser Platz eine Heimat und mit dem Menschen eins geworden: personifizierte Vernunft, beschirmend und vorhersehend. Die Zeit selbst war begrenzt, die Zukunft Teil der Gegenwart und der Vergangenheit, derart, daß sie – und dies war Aufgabe der Vernunft – wohl vorbereitet werden konnte.]

Und der Verlust dieses im Zuhausesein gelebten 'Urvertrauens' führt zum 'tragischen Bewußtsein' der Isolierung:

La conscience tragique est justement ce sentiment d'un sort extraordinaire, sans commune mesure, cette expérience exceptionelle qui, d'autre part, est tellement humaine, touche tellement tous les hommes, même ceux qui se trouvent tout à fait tranquilles dans un monde bien mesuré.
La première structure, le fondement même de la conscience tragique, est celle de l'exception. Aucune idée, aucun principe n'est applicable à l'expérience qu'un individu vient de faire. Il frisonne quand il entend qu'on lui dit que jamais de mémoire d'homme on n'a vu quelqu'un agir comme lui. Il se regarde, et il regarde les autres. Tout le monde a des habitudes, se conduit, d'un façon habituelle, attendue; lui, il est exclu et il l'est d'une façon radicale.[17]

[Das tragische Bewußtsein ist genau dieses Gefühl eines außergewöhnlichen und unvergleichlichen Schicksals, es ist diese außerordentliche und andererseits dennoch so menschliche Erfahrung, die alle trifft, befänden sie sich auch noch so unbehelligt in einer wohlabgemessenen Welt.
Die wesentlichste Eigenart, ja, das Grundmerkmal des tragischen Bewußtseins, ist das Gefühl der Ausnahme. Keine Idee und kein Prinzip findet auf die vom Einzelnen soeben durchgemachte Erfahrung Anwendung. Sobald dieser hört, daß man ihm sagt, seit Menschengedenken niemals jemanden wie ihn handeln gesehen zu haben, läuft es ihm kalt den Rücken hinunter. Er betrachtet sich, und er betrachtet die anderen. Alle haben ihre Gewohnheiten und betragen sich normal, wie erwartet. Nur er ist ausgeschlossen und das in radikaler Weise.]

[16] Flam 1964, S. 7.
[17] A. a. O., S. 25.

Die zu entwickelnde neue 'tragische' Philosophie des mündigen, nämlich 'hauslosen', Menschen hat daher

dépasser le besoin d'une doctrine générale unifiant tous ou d'une vérité une et indivisible, valable pour tous. La philosophie tragique connaît ses limites et admet la pluralité et la grande diversité de la vérité. Sans être relativiste ni éclectique, elle sait qu'il y a beaucoup de vérités sur un même problème. Sous l'influence des forces extérieures et des théologies, les philosophes bâtissaient système sur système, se voulant tous rigoureusement scientifiques. On peut parler des impérialistes de la pensée. Sur la ruine des empires de la philosophie, il y aura une pluralité des philosophies, explicitant toute une expérience fondamentale et individuelle.[18]

[den Bedarf an einer allgemeinen, alle einigenden Theorie oder einer einzigen, unteilbaren, für alle gültigen Wahrheit überflüssig gemacht. Die tragische Philosophie kennt ihre Grenzen und räumt der Wahrheit Vielzahl und beträchtliche Vielfältigkeit ein. Ohne relativistisch oder eklektisch zu sein, weiß sie, daß es zu ein und derselben Problemstellung viele Wahrheiten gibt. Unter dem Einfluß äußerer Kräfte und der Autorität von Theologien haben die Philosophen System auf System errichtet, die sich sämtlich als streng wissenschaftlich ausgeben. Es ist hier angebracht, von Imperialisten des Geistes zu sprechen. Auf den Ruinen der Reiche der Philosophie wird eine Vielzahl von Philosophien entstehen, deren jede eine fundamentale und individuelle Erfahrung expliziert.]

Es fällt auf, daß Flam sich eines im Französischen möglichen Wortspiels, ‹raison› als Grund (raison de vivre) und ‹raison› als Vernunft (la raison constitue la limite), bedient, damit Leben-Können und Grenzensetzen-Können sich mit eben derjenigen Fähigkeit zur Rationalität gleichsetzen lassen, die als Selbstbestimmung des Menschen in unserer gesamten klassischen Tradition auftritt. Weil aber die Selbstbestimmung in dieser Tradition durch Vergegenständlichung scheinbar Verfügbarkeit über die Grenzen menschlicher Möglichkeiten freisetzt, kann Flam verdeutlichen, wie in der Anmaßung der Vernunft zugleich ihr Verlust beschlossen ist.

Philosophische Anthropologie als reflexive Disziplin kann daher nur gelingen, wenn sie im Vollzug die Grenzen beachtet, die sie an ihrem Gegenstand wahrnimmt; ihr Beginn muß zugleich ein Anfang von Philosophie und Wissenschaft sein, wie auch umgekehrt der Aufbau theoretischer und praktischer Philosophie, insbesondere in ihren Paradigmata Logik und Ethik, wird er reflexiv vollzogen, ein Stück philosophische Anthropologie mit einschließt. Eine Selbstbesinnung also, die in der Lebenswelt des Alltags einsetzt, wobei die

[18] A. a. O., S. 33 f.

Meinungen der verschiedenen Wissenschaften vom Menschen und der philosophischen Tradition, soweit sie unser Leben im Denken, Sprechen und Handeln gegenwärtig beeinflussen oder als Spuren vergangener Beeinflussung erhalten geblieben sind, in besonderer Weise dazugehören. Ihren Geltungsanspruch, zusammen mit den angebotenen Begründungen, nehmen wir als Anlaß, *zurückzugehen* zu möglichen Entstehungsweisen dieser Meinungen und der sie stützenden Gründe. Dies geschieht nicht im Sinne historischer Forschung nach der faktischen Genese der anthropologischen Disziplinen (von Bernhard Groethuysen, einem Schüler Diltheys, zum Beispiel für die philosophische Anthropologie bis Kant besorgt[19]), sondern im Sinne systematischer Darstellung einer logischen Genese anthropologischer Aussagen, also einer für uns schlüssigen Schrittfolge von Einsichten auf dem Boden dessen, was unter den Überzeugungen im gegenwärtigen alltäglichen Lebenszusammenhang zunächst einmal keiner Befragung bedürftig erscheint. Die Ergebnisse der anthropologischen Einzelwissenschaften können uns daher nicht als gesichertes Fundament dienen, auf dem sich eine philosophische Anthropologie *aufbauen* ließe, wohl aber sind sie, getreu dem reflexiven Charakter der hier vorgestellten philosophischen Anthropologie, der Ausgangspunkt für einen philosophische Anthropologie *vollziehenden* Versuch ihrer Rekonstruktion.

Einen ersten, wenngleich methodologisch noch undeutlichen Schritt, 'anthropologische Philosophie' im Nachzeichnen der Entwicklung menschlicher Tätigkeiten und damit in der Aufdeckung des Zeichencharakters, also der 'Sinnhaftigkeit' menschlicher Tätigkeiten zu begreifen, hat Ernst Cassirer (1874–1945) in seiner ›Philosophie der symbolischen Formen‹ (1923–29) unternommen. Die mit der Formel ‹animal symbolicum› 'symbolisierte' These vom Menschen als dem zeichenerzeugenden und zeichenverwendenden Lebewesen hat er selbst in dem kurz vor seinem Tode im Exil 1944 als Ergebnis von Vorlesungen an der Yale University entstandenen ›Essay on Man‹ wie folgt charakterisiert:

The method of this work [i. e. der ›Philosophie der symbolischen Formen‹] is [...] to complement former views [i. e. diejenigen von 'psychological introspection', 'biological observation and experiment', 'historical investigation']. The philosophy of symbolic forms starts from the presupposition that, if

[19] Groethuysen 1928–1931; vgl. die begriffsgeschichtliche Ergänzung von Marquard 1965 unter dem Titel ›Zur Geschichte des philosophischen Begriffs ‹Anthropologie› seit dem Ende des 18. Jahrhunderts‹.

there is any definition of the nature or 'essence' of man, this definition can only be understood as a functional one, not a substantial one. We cannot define man by any inherent principle which constitutes his metaphysical essence – nor can we define him by any inborn faculty or instinct that may be ascertained by empirical observation. Man's outstanding characteristic, his distinguishing mark, is not his metaphysical or physical nature – but his work. It is this work, it is the system of human activities, which defines and determines the circle of 'humanity'. Language, myth, religion, art, science, history are the constituents, the various sectors of this circle. A 'philosophy of man' would therefore be a philosophy which would give us insight into the fundamental structure of each of these human activities, and which at the same time would enable us to understand them as an organic whole [...]. If we content ourselves with contemplating the results of these activities [...] it seems impossible to reduce them to a common denominator. But a philosophic synthesis means something different. Here we seek not a unity of effects but a unity of action: not a unity of products but a unity of the *creative process.* If the term ‹humanity› means anything at all it means that, in spite of all the differences and oppositions existing among its various forms, these are, nevertheless, all working toward a common end.[20]

[Der in diesem Werk beschrittene Weg (... soll ...) frühere Anschauungen (...) ergänzen. Die Philosophie der symbolischen Formen geht von folgender Voraussetzung aus: Wenn es irgend eine Definition der Natur oder des 'Wesens' des Menschen gibt, so kann sie nur funktional, nicht substanzial verstanden werden. Wir können den Menschen weder durch ein immanentes Prinzip, das sein metaphysisches Wesen konstituieren würde, definieren noch durch irgendein angeborenes Vermögen, seinen Instinkt, der empirisch feststellbar wäre. Das auffallendste Charakteristikum des Menschen, sein Kennzeichen, ist weder seine metaphysische noch seine physische Natur, sondern sein Werk. Es ist sein Werk, d. h. das System menschlicher Tätigkeiten, das den Bereich des 'Menschlichen' ausmacht. Sprache, Mythos, Religion, Kunst, Wissenschaft, Geschichte sind seine Bestandteile, die verschiedenen Teilbereiche des Ganzen. Eine 'Philosophie des Menschen' wäre demnach eine Philosophie, die uns zur Einsicht in die Grundstrukturen dieser verschiedenen Erzeugnisse menschlicher Tätigkeiten verhülfe und uns dabei zugleich instand setzte, sie als ein organisches Ganzes zu verstehen (...). Wenn wir uns damit begnügen, die Resultate dieser Tätigkeiten

[20] Cassirer 1944, S. 67 f. und 70 (dt. 1960, S. 89 und 92); spezialisiert auf mathematische und naturwissenschaftliche Tätigkeit als symbolisches, den Gegenstand der Wissenschaften konstituierendes und darin den Menschen als geistiges Wesen ausmachendes Handeln findet sich der gleiche Gedankengang bei Hermann Weyl 1948, im größeren Zusammenhang der Auffassung mathematischer Tätigkeit bei Peirce und Poincaré behandelt in Heinzmann 1990.

zu betrachten (...), so scheint es unmöglich zu sein, sie alle auf einen gemeinsamen Nenner zu bringen. Eine philosophische Synthese bedeutet indessen etwas anderes. Sie sucht nicht eine Einheit der Wirkungen, sondern eine Einheit des Handelns; keine Einheit der Erzeugnisse, sondern eine Einheit des schöpferischen Prozesses selbst. Wenn der Ausdruck ‹Menschheit› überhaupt einen Sinn hat, dann bedeutet er, daß trotz aller Unterschiede und Gegensätze, die zwischen den Kulturformen bestehen, diese Formen gleichwohl alle auf ein gemeinsames Ziel gerichtet sind.]

Und schon vorher hat er diesen kreativen Prozeß als Erzeugung eines 'symbolischen Universums' bezeichnet:

Man cannot escape from his own achievement. He cannot but adopt the conditions of his own life. No longer in a merely physical universe, man lives in a symbolic universe. Language, myth, art, and religion are parts of this universe. They are the varied threads which weave a symbolic net, the tangled web of human experience. All human progress in thought and experience refines upon and strengthens this net. No longer can man confront reality immediately [...]. Physical reality seems to recede in proportion as man's symbolic activity advances. Instead of dealing with the things themselves man is in a sense constantly conversing with himself. He has so enveloped himself in linguistic forms, in artistic images, in mythical symbols or religious rites that he cannot see or know anything except by the interposition of this artificial medium. His situation is the same in the theoretical as in the practical sphere. Even here man does not live in a world of hard facts, or according to his immediate needs and desires. He lives rather in the midst of imaginary emotions, in hopes and fears, in illusions and disillusions, in his fantasies and dreams.[21]

[Der Mensch kann dem, was er selbst erreicht hat, nicht entrinnen. Er muß die Bedingungen seines eigenen Lebens einfach hinnehmen. Der Mensch lebt in einem symbolischen Universum und nicht mehr in einem bloß natürlichen. Sprache, Mythos, Kunst und Religion sind Teile dieses Universums. Sie sind die bunten Fäden, die das Symbolnetz weben, das verknotete Gewebe menschlicher Erfahrung. Jeder menschliche Fortschritt im Denken und in der Erfahrung verfeinert und verstärkt dieses Netz. Der Mensch steht nicht mehr der Wirklichkeit unmittelbar gegenüber (...). Die physische Wirklichkeit scheint in dem Maße, in dem die symbolische Tätigkeit des Menschen voranschreitet, zurückzuweichen. Statt mit den Dingen selbst umzugehen, unterhält sich der Mensch in gewissem Sinn ständig mit sich. Er hat sich so sehr in sprachliche Formen, in künstlerische Bilder, in mythische Symbole oder religiöse Riten eingehüllt, daß er nichts sehen oder wissen kann, außer durch Zwischenschaltung dieses künstlichen Mediums. Seine Situation ist in der theoretischen Sphäre die gleiche wie in der praktischen.

[21] A. a. O., S. 25 (dt. S. 39).

Selbst hier lebt der Mensch nicht in der Welt harter Tatsachen oder seinen unmittelbaren Bedürfnissen oder Wünschen gemäß. Er lebt vielmehr inmitten eingebildeter Emotionen, in Hoffnungen und Befürchtungen, in Illusionen und Desillusionen, in seinen Fantasien und Träumen.]

In der Wendung ‹der Mensch unterhält sich ständig mit sich› macht sich das für eine reflexiv verfahrende philosophische Anthropologie unerläßliche dialogische Verständnis symbolischer Tätigkeit bemerkbar, auch wenn es bei Cassirer noch nicht konsequent auf den Umgang jeweils einzelner Menschen miteinander zurückbezogen worden ist. Bei ihm deshalb nicht, weil er Handlungen erst dann, wenn sie 'symbolisch', und das heißt als Zeichen für ihren 'Sinn', verstanden sind, für 'menschlich' hält; ihre 'natürliche' Seite bleibt auf eine bloße Trägerfunktion, den 'Ausdruck' symbolischen Handelns, beschränkt. Daher kommen auch Ich und Du nur als verschiedene Erscheinungen 'desselben' Menschen, ihres 'Menschseins' nämlich, vor.

Die Einsicht von der Verankerung des symbolischen Universums im Dialog wird erst dadurch völlig frei, daß auch der Weg zu ihr uneingeschränkte Aufmerksamkeit erfährt. Wie aber sieht dieser Weg aus? Um darauf eine Antwort geben zu können, muß der in der Darstellung 'einseitig' geführte Dialog mit der weitverzweigten philosophischen Tradition und mit den Meinungen der verschiedenen Wissenschaften vom Menschen zugleich auch zum Gegenstand der Darstellung und damit in seiner Einseitigkeit als begrenzt sichtbar gemacht werden. Nur durch differenzierende Ausbildung von Ich und Du und damit die Rückbindung der Werke des Menschen an die in ihnen verkörperten Prozesse der Individuation und der Sozialisation können Menschen ihres Menschseins innewerden.[22]

Es ist die Absicht dieser Einführung, davon zu überzeugen, daß Cassirers 'funktionales' Verständnis des Menschen erst in der Gestalt eines Verständnisses *aufgrund und von* dialogischen Handlungs- und Redezusammenhängen und damit unter Einbeziehung von seinem Gegenbild, einem 'substanzialen' Verständnis des Men-

[22] In einer eigenständigen, in kritischer Auseinandersetzung mit Husserl und Heidegger gewonnenen 'Philosophie des Anderen' hat Emmanuel Levinas (*1906) die Asymmetrie in der Beziehung zwischen Ich und Du – eben weil niemand über einen neutralen Standort jenseits seines Zusammenhanges mit anderen Menschen verfügt – als Angelpunkt seiner wesentlich appellativ auftretenden Reflexionen gewählt; vgl. insbes. die dt. Ausgabe von Levinas 1972.

zu verschiedenen Wissenschaftsarten Anlaß gebende Gegenstandsbereiche anzeigt. In den meisten Auseinandersetzungen wird die Frage, ob ein Verhalten aktiv oder reaktiv auftritt, als leitendes Kriterium der ‹Natur-Kultur›-Unterscheidung behandelt, merkwürdigerweise allerdings so, daß im ganzen aktives Verhalten mit Verhalten aufgrund einer angeborenen Disposition und im ganzen reaktives Verhalten mit Antwortverhalten auf Umweltereignisse gleichgesetzt wird,[6] obwohl herkömmlich gerade aktives Verhalten als grundsätzlich intentional bestimmt und damit soziokulturell prägend, reaktives Verhalten hingegen *prima facie* als kausal ausgelöst gilt.

Gleichgültig jedoch, wie das angegebene Kriterium angewandt wird, stets ist unterstellt, daß sich Regelmäßigkeiten menschlichen Verhaltens schon beobachtend einerseits in Abschnitte natürlicher Ursache-Wirkungs-Ketten, andererseits in Resultate sozial ausgebildeter Persönlichkeitsstrukturen trennen lassen: Kausale und intentionale Regelmäßigkeiten bilden streng geschiedene, von naturwissenschaftlichen und kulturwissenschaftlichen Disziplinen mit verschiedenen wissenschaftlichen Methoden zu bearbeitende Gegenstandsbereiche. Die kausalen Regelmäßigkeiten sind dabei durch Anfangsbedingungen festgelegt, die intentionalen hingegen von Zielvorstellungen bestimmt, die aufgrund der sozialen Vermittlung normalerweise nicht mehr bewußt auftreten. Die Streitfrage selbst, ob – beziehungsweise inwieweit – soziokulturelles Verhalten natürlich-biologisch determiniert ist oder umgekehrt, ist eigentlich ein Streit darüber, ob ein empirisch beobachtetes Verhalten als 'natural' (zur Natur gehörig) oder als 'kultural' (zur Kultur gehörig) zu gelten habe.

Wir werden statt von zweierlei Verhalten besser von zwei Zugangs- oder Untersuchungsweisen demselben Verhalten gegenüber reden, zum einen, um die Einheitlichkeit des Gegenstandes unserer Überlegungen nicht zu gefährden, zum anderen, um einen neutralen Standort zur Beurteilung des von der Humanethologie ausgelösten Streits zu gewinnen. Dies ist schon deshalb wichtig, weil im Hintergrund dieses Streits die Frage nach Art und Umfang der Beeinflußbarkeit menschlichen Verhaltens mit allen Konsequenzen für die gegenwärtige politische und gesellschaftliche Praxis steht.

Handelt es sich nämlich um kausale Regelmäßigkeiten, so läßt

[6] Vgl. dazu etwa die Streitschrift Pilz / Moesch 1975, S. 117 ff. u. öfter.

sich in Verhalten nur indirekt eingreifen, durch Abänderung der Anfangsbedingungen, und das heißt mit Mitteln der *Technik*, etwa hirnchirurgisch oder auch mit Hilfe der in praktische Reichweite gerückten Gentechnologie, aber auch mit Hilfe sozialer 'Techniken', etwa der Konditionierung (in solchen Fällen folgt auch Sozialwissenschaft naturwissenschaftlichen Verfahren). Liegen hingegen intentionale Regelmäßigkeiten menschlichen Verhaltens vor, so gibt es direkte Einflußmöglichkeiten: In die Zielvorstellungen kann durch *Erziehung* eingegriffen werden, also durch soziale Prozesse vor allem sprachlicher Auseinandersetzung, mit deren Hilfe Wünsche bewußt und darüber hinaus zum Gegenstand von Überlegungen gemacht werden können, ob sie im gegebenen Lebenszusammenhang wirklich Anerkennung verdienen.

Natürlich sind die Eingriffe in menschliches Verhalten selbst auch ein Verhalten, ein Verhalten 'zweiter Ordnung', das sich daher denselben Überlegungen unterwerfen läßt, die wir gerade angestellt haben. So folgen technische Eingriffe ausnahmslos Zielvorstellungen, die sich daraufhin befragen lassen, ob man die geplanten Änderungen vornehmen *soll*, und erzieherische Prozesse sind ausnahmslos von Anfangsbedingungen (z. B. der Begabung, der sinnlichen Ausstattung) abhängig, die festlegen, innerhalb welchen Spielraums man Zielvorstellungen ändern *kann* (eine häufig – zum Beispiel im Strafvollzug, im Sportunterricht, bei der frühkindlichen Erziehung – ungenügend berücksichtigte Abhängigkeit).

Wir werden noch erörtern, wie diese Überlegungen differenziert werden müssen, wenn man beachtet, daß sich Menschen nicht im allgemeinen, sondern immer nur als einzelne, und zwar für sich oder gegenüber anderen, verhalten und es keineswegs gleichgültig ist, ob man das eigene Verhalten oder das Verhalten anderer, sei es technisch oder erzieherisch, zu beeinflussen sucht. Mangelnde Sorgfalt beim Auseinanderhalten der verschiedenen Ebenen, auf denen sich Verhalten abspielt, ist eine verbreitete Quelle für Mißverständnisse und Ungereimtheiten in der aktuellen wissenschaftlichen und politischen Auseinandersetzung um die mit der Frage nach der Beeinflußbarkeit menschlichen Verhaltens verbundenen Probleme.

Aber wie auch immer im einzelnen der gerade von der Humanethologie so plastisch sichtbar gemachte Unterschied zwischen naturwissenschaftlicher und kulturwissenschaftlicher Vorgehensweise in der Anthropologie beschrieben sein mag, es bleibt diejenige Charakterisierung der beiden Bereiche des Von-selbst-Entstandenen und des Selbsterzeugten erhalten, die in hergebrachter Ausdrucksweise den Menschen als sowohl *instinktgesteuert* wie *vernunftgeleitet* zu bezeichnen erlaubt. So wird auch deutlich, daß diese Charakterisierung keineswegs erst ein Ergebnis der anthropologischen Wissenschaften ist, vielmehr nur die von den Wissenschaften bevorzugte Fassung einer von der philosophischen Tradition seit der Antike weitergegebenen Einsicht, die mythisch ausgedrückt lautet: der Mensch *zwischen Tier und Gott.*

Schon die ersten überlieferten Proportionen – es sind dies Sätze in der ältesten spezifisch griechischen Gestalt einer Begründung für eine These – gehören zur Anthropologie und befassen sich mit dieser Einsicht. Heraklit (ca. 550–480 v. Chr.) erklärt: „Der weiseste Mensch erscheint einem Gott (θεός) gegenüber wie ein Affe (πίθηκος) an Weisheit, Schönheit und allem sonst“[7], und damit verwandt: „Ein Mann heißt unverständig in den Augen eines Gottes (δαίμων) wie ein Kind in den Augen eines Mannes.“[8] Der erwachsene Mensch bildet in allen Eigenschaften, besonders aber im Sichauskennen (σοφία) die 'mittlere Proportionale' zwischen Kind/Affe und Gott. Über ein solches Maß für den Vergleich von Dummheit und Klugheit, Häßlichkeit und Schönheit und so weiter zu verfügen heißt, insofern der Mensch selbst dieses Maß ist, über Vernunft zu verfügen. Es ist daher nur konsequent, wenn im Griechischen beides, ‹Proportion› und ‹Begründung› ebenso wie ‹Sprache / Sprachvermögen› ganz allgemein mit ‹Logos› wiedergegeben wird.[9] Und die erste 'Definition' des Menschen nach der von Platon (427–347 v. Chr.) vorbereiteten und von Aristoteles (384–322 v. Chr.) entwickelten Definitionstheorie – jeder Gegenstandsbereich ist als Art (*species*) durch Gattung (*genus*) und artbildenden Unterschied (*differentia specifica*) zu charakterisieren – lautet denn auch: der Mensch das vernünftige Lebewesen (griech.: ζῷον λόγον ἔχον, lat.: *animal rationale*), in Abhebung von den übrigen sprach- bzw. vernunftlosen Tieren, den 'Aloga'.[10]

Natürlich liegt bei dieser definitionstheoretischen Gleichbehandlung der Menschen mit anderen Bereichen das Mißverständnis nahe, Vernunft sei ein natürliches Merkmal, zur biologischen Aus-

[7] VS 22, B 83.

[8] VS 22, B 79.

[9] Die Entdeckung der Proportion als Form einer Begründung geht zurück auf Fränkel 1938.

[10] Vgl. Platons Dialog ›Protagoras‹ 321 c.

stattung des Menschen gehörig wie andere auch, statt vielmehr der Titel für die Fähigkeit zu Unterscheidungen und ihrer Beurteilung, wie in Heraklits Proportionen vorgeführt.

Die Entdeckung der Unterschiedenheit zwischen dem, was von selbst geschieht, und dem, was auf menschlichem Eingriff beruht, eben dem Von-selbst-Entstandenen und dem Selbsterzeugten, ist als Entdeckung der Vernunft die Entdeckung menschlicher Selbständigkeit *gegenüber* einer Situation und keine Entdeckung zweier Gegenstandsbereiche, wie die älteste Gestalt der ‹Natur-Kultur›-Unterscheidung, die antike Gegenüberstellung von 'Natürlichem' (φύσις) und 'Zugeteiltem' (νόμος) immer wieder nahezulegen schien.[11] Schon die einschlägigen anthropologischen Auseinandersetzungen der Antike waren seit der Sophistik davon bestimmt, entweder den Nomos in die Physis zu verlagern, mit der Konsequenz, der Mensch solle der Natur, die allein das Notwendige und zugleich ihm Zuträgliche hervorbringt, folgen[12] – *secundum naturam vivere*, der Natur (und damit zugleich der Vernunft) gemäß leben, lautet die noch heute vertraute und verführerisch wirkende Formel der Stoa[13] –, oder den Nomos als die eigentliche Physis des Menschen anzusehen, eine These, die als treibende Kraft insbesondere hinter der Philosophie Platons steht und gegenwärtig zur Formel ‹der Mensch ist von Natur ein Kulturwesen› geronnen ist.

Um gleichwohl die reflexive Rolle der Vernunft und damit die Pointe der Unterscheidung zwischen Physis und Nomos nicht zu verlieren, dem Mißverständnis einer bloß als natürliches Merkmal auftretenden Vernunft zu begegnen, hat Platon auf der rechtfertigenden Rolle der Vernunft bestanden, dem Begründungen Geben-Können (λόγον διδόναι),[14] während Aristoteles erklärt, daß der Geist (νοῦς) wesentlich Tätigkeit (ἐνέργεια) und deshalb, anders als alles Natürliche, unsterblich sei.[15]

[11] Vgl. Heinimann 1945.

[12] So zum Beispiel bei dem Sophisten Antiphon (2. Hälfte 5. Jh. v. Chr.), der in diesem Zusammenhang erstmals die Gleichheit *aller* Menschen, auch der Barbaren, ihrer Physis nach, vertreten haben soll, vgl. VS 87, B 44.

[13] φύσει ὁμολογουμένως ζῆν soll von einem der Begründer der älteren Stoa, Kleanthes (ca. 330–230 v. Chr.), zu einem ausdrücklichen Imperativ gemacht worden sein, SV I, Nr. 179, und SV III, Nr. 3,12.

[14] Vgl. Pol. 510 c/d.

[15] Vgl. De anima 430 a 17–25; von Leibniz in der Gleichsetzung Gottes mit reiner Tätigkeit (*actus purus*) wieder aufgegriffen, vgl. Nouveaux Essais, Buch II, Kap. I, § 12 (v. Engelhardt/Holz 1959).

Auch der biblische Schöpfungsmythos in seinen verschiedenen Fassungen verlangt diese Deutung der Zwischenstellung des Menschen, gab doch Gott dem 'in seinem Bilde' geschaffenen Menschen – mit den Lebewesen teilt er das Geschaffensein, mit Gott seine Ebenbildlichkeit, eine von der christlichen Theologie je nach philosophischem Hintergrund immer wieder neu interpretierte Eigenschaft[16] – den Namen ‹Adam› (im Hebräischen als Kollektivum für ‹Mensch› sowohl ‹Gott› wie ‹Tier› gegenübergestellt) und ließ Adam und Eva den Tieren einen Namen geben. Aber nicht nur 'theoretisch', im Unterscheidungentreffen, verhält sich Gott zur Welt wie der Mensch zu den Tieren, auch 'praktisch', im Leiten des Ganges der Ereignisse, 'herrscht' der Mensch „über die Fische im Meer und über die Vögel des Himmels und über alle Tiere, die sich auf der Erde regen" (1. Mose 1,28), so wie Gott über die Welt herrscht.

Ehe wir dem wechselvollen Schicksal der unsere Tradition prägenden Selbstcharakterisierung des Menschen weiter nachgehen, wollen wir uns kurz davon überzeugen, daß die Stellung des Menschen zwischen Tier und Gott keineswegs nur zur Aussage von Mythen und ersten philosophischen Reflexionen unserer eigenen jüdisch-griechischen Tradition gehört, sondern weltweit zu finden ist. Besonders lehrreich ist ein Schöpfungsmythos der Inkas:

Dreimal haben die Götter versucht, den Menschen zu schaffen. Beim ersten Mal schufen sie ihn aus Lehm; doch war der Lehmmensch so dumm und ungeschickt, daß die entrüsteten Götter ihn sogleich wieder vernichteten und einen neuen Menschen aus Holz bildeten. Auch dieser Versuch mißlang, denn der Holzmensch war grob und bösartig, so daß man auch ihn wieder vernichten mußte. Einige Holzmenschen entgingen jedoch der Vernichtung und flohen in die Wälder; sie bilden dort das Volk der Affen. Zum dritten Mal schufen die Götter einen Menschen aus Teig. Die Teigmenschen waren klug, aber listig. Die müde gewordenen Götter beschlossen jedoch, sie trotz ihrer Unvollkommenheit am Leben zu lassen, nur vernebelten sie ihnen das Hirn, so daß sie trotz ihrer Klugheit zu Irrtümern neigen und die letzten Geheimnisse dieser Welt nicht erforschen können.[17]

Hier sind die Menschen klug wie die Götter, aber nicht ganz, und sie sind listig, also bösartig wie jene Affen, aber nicht durch und

[16] Vgl. Barth ^{3}1957, S. 214–233.

[17] Nach der Darstellung in Landmann ^{3}1969, S. 11 f.

durch. In bezug auf böse und gut werden die 'richtigen' Menschen mit den Affen verglichen, in bezug auf klug und dumm hingegen mit den Göttern. Die Differenz zu den Affen wird durch einen eigenen Schöpfungsakt eingeführt, die Differenz zu den Göttern 'aus Müdigkeit' bloß durch einen zusätzlichen Eingriff. Viele Mythen lassen den Menschen in mehreren Schritten entstehen, was eine differenziertere Darstellung der Zwischenstellung des Menschen erlaubt.[18]

Im frühen Konfuzianismus wiederum, vor allem im Schulstreit zwischen Meng-tzu (= Meister Meng, latinisiert Menzius, ca. 370–290 v. Chr.) und Hsün-tzu (= Meister Hsün, ca. 310–230 v. Chr.) um die Natur des Menschen, findet sich eine Charakterisierung der menschlichen Zwischenstellung, die schon nicht mehr am Mythos orientiert ist – an die Stelle von ‹Tier› und ‹Gott› treten ‹böse› und ‹gut› –, sondern beinahe dieselben Bestimmungen benutzt, die zur modernen ‹Natur-Kultur›-Unterscheidung gehören.[19]

Gemeinsamer Ausgangspunkt ist die Gleichsetzung der Natur (*hsing*) mit dem Angeborenen (*sheng*), nur gilt sie bei Hsün-tzu als böse, bei Meng-tzu als gut. Entsprechend gibt es bei Hsün-tzu einen Katalog angeborener Leidenschaften (*ch'ing*: Freude, Zorn, Trauer, Angst, Liebe, Haß, Begehren), hingegen einen Katalog angeborener Tugenden (*tê*: Menschlichkeit, Rechtlichkeit, Schicklichkeit, Weisheit) bei Meng-tzu. Meng-tzu erklärt:

> Jeder Mensch besitzt ein Herz, das die Leiden der anderen Menschen nicht ertragen kann [...]. Wenn etwa ein Mensch sieht, wie ein Kind in einen Brunnen fällt, entsteht spontan das Gefühl des Mitleids und der Hilfsbereitschaft. Dies aber geschieht nicht etwa, weil er mit den Eltern des Kindes befreundet wäre oder weil er nach dem Beifall der Nachbarn und Bekannten strebte oder weil er um seinen guten Ruf besorgt wäre. Demnach ist es klar, daß kein Mensch ohne das Gefühl des Mitleids und der Hilfsbereitschaft ist, ebenso wie keiner ohne das Gefühl für Scham und Abscheu ist, wie keiner ohne das Gefühl für Höflichkeit und Demut ist, und wie auch keiner ohne das Gefühl für richtig und falsch ist. Mitleid und Hilfsbereitschaft sind die Grundlage der Menschlichkeit (*jen*). Scham und Abscheu sind die Grundlage der Rechtlichkeit (*i*). Höflichkeit und Demut sind die Grundlage der Schicklichkeit (*li*). Das Gefühl für richtig und falsch ist die Grundlage der Weisheit (*chih*).[20]

[18] Vgl. Kerényi 1975.

[19] Vgl. zur folgenden Darstellung den Essay ›Hsün-tzu‹ von Weber-Schäfer 1968.

[20] A. a. O., S. 117.

Dagegen wendet Hsün-tzu ein:

Die Natur des Menschen ist das Böse; das Gute an ihm ist das Künstliche (*wei*, soviel wie: [Resultat bewußten] Sichanstrengens). So ist der Mensch von Natur: Von Geburt an besitzt er die Liebe zum Gewinn. Folgt er ihr, so blühen Streit und Gewalttat auf, und die Höflichkeit geht unter. Von Geburt an besitzt er Neid und Haß. Folgt er ihnen, so blühen Raub und Bedrückung auf, und Treue und Aufrichtigkeit gehen unter. Von Geburt an besitzt er die Begierden des Ohrs und des Auges, Liebe zur Musik und Streben nach Sinnenlust. Folgt er ihnen, so blühen Unzucht und Verwirrung auf, und Schicklichkeit, Rechtlichkeit und Etikette gehen unter. Wenn also der Mensch seiner Natur folgt und nach seinen Leidenschaften handelt, so müssen notwendigerweise Streit, Gewalttat und Verstöße gegen die Etikette entstehen; die Ordnung wird verwirrt, und der Mensch kehrt schließlich in den Zustand der Barbarei zurück. Nur wenn er durch Lehre und Gesetzgeber verwandelt wird, wenn er durch Schicklichkeit und Rechtlichkeit geführt wird, erreicht er Höflichkeit und Etikette und kann zur Ordnung zurückkehren [...]. Meister Meng sagt: ‹Daß der Mensch belehrbar ist, zeigt, daß seine Natur gut ist.› Ich behaupte, daß dem nicht so ist. Er hat hier die Natur des Menschen nicht richtig erkannt und den Unterschied zwischen dem Natürlichen und dem Künstlichen nicht beachtet. Die menschliche Natur ist das, was von Natur gegeben ist, das, was nicht erlernt werden kann, und das, was nicht durch Tätigkeit erworben werden kann. Schicklichkeit und Rechtlichkeit aber sind von den Weisen geschaffen worden. Sie sind das, was der Mensch durch Lernen erwerben und durch Tätigkeit vollenden kann. Ich nenne nun dasjenige am Menschen, das weder erlernt noch durch Tätigkeit vollendet werden kann, die menschliche Natur; und ich nenne dasjenige am Menschen, das durch Lernen erworben und durch Tätigkeit vollendet werden kann, das Künstliche. Darin besteht der Unterschied zwischen der Natur und dem Künstlichen.[21]

Bei beiden sind es die in der Menschlichkeit zusammengefaßten konfuzianischen Tugenden, die das Gute und damit den Menschen als Menschen ausmachen, bei Hsün-tzu durch einen externen Erziehungsprozeß erst neu zu bilden, bei Meng-tzu durch einen internen Prozeß der Selbsterziehung gegen Bedrohungen von außen zu bewahren. Dies gelingt, weil der Mensch über ein (moralisches) Unterscheidungsvermögen (*fen*) Verhaltensweisen gegenüber verfügt, das ihn vom Tier trennt:

Was den Menschen zum Menschen macht, ist nicht, daß er zwei Beine und keine Federn hat, sondern, daß er Unterscheidungsvermögen besitzt. Auch der Gorilla hat zwei Beine und keine Federn; aber nur der Edle schlürft

[21] A. a. O., S. 114 f. und S. 118 f.

seine Suppe und schneidet sein Fleisch. Denn was den Menschen zum Menschen macht, ist nicht, daß er zwei Beine und keine Federn hat, sondern, daß er Unterscheidungsvermögen besitzt. Bei den Vögeln gibt es auch Väter und Söhne, aber sie kennen die Liebe zwischen Vater und Sohn nicht. Es gibt auch Männchen und Weibchen, aber sie kennen die rituelle Trennung zwischen Mann und Frau nicht. Der Weg des Menschen ist der Weg der Unterscheidung [...]. Wasser und Feuer besitzen Energie, aber kein Leben. Pflanzen und Bäume besitzen Leben, aber keine Erkenntnis. Vögel und Vierfüßler besitzen Erkenntnis, aber keine Rechtlichkeit. Nur der Mensch besitzt Energie, Leben, Erkenntnis und dazu noch Rechtlichkeit. Deshalb ist er das edelste Wesen unter dem Himmel. Er ist nicht so stark wie der Büffel und nicht so schnell wie das Pferd. Dennoch kann er den Büffel und das Pferd seinen Zielen nutzbar machen. Warum? Ich sage: Weil er eine Gesellschaft bilden kann und weil sie keine Gesellschaft bilden können. Wie kann aber der Mensch eine Gesellschaft bilden? Ich sage: Auf Grund seines Unterscheidungsvermögens. Und wie kann er Unterscheidungen treffen? Ich sage: Auf Grund der Rechtlichkeit.[22]

Es ist nicht schwer, von hier aus den Bogen wieder zur antiken Tradition zu schlagen, die neben der Definition des Menschen als *animal rationale* über eine weitere Definition verfügt hat: der Mensch das gemeinschaftbildende Lebewesen (griech.: ζῷον πολιτικόν, lat.: *animal sociale*). Und wieder ist diese Definition des Menschen mit seiner Zwischenstellung verbunden, wenn Aristoteles erklärt, daß jemand, der zur Gemeinschaft nicht fähig ist oder ihrer nicht bedarf, entweder ein Tier oder ein Gott ist.[23] Beide Charakterisierungen lassen sich auseinander herleiten, wenn beachtet wird, daß zum einen Sozialität notwendig sprachvermittelt ist und zum anderen die Fähigkeit zu Unterscheidungen und ihrer Beurteilung zunächst ohne jede Trennung theoretischen und praktischen Wissens einhergeht. So verfährt auch Aristoteles unmittelbar vor dem gerade herangezogenen Abschnitt des ersten Buchs der Politik in verblüffender argumentativer Übereinstimmung mit Hsün-tzu, ohne übrigens dessen Grundvoraussetzung zu teilen[24]:

Daß aber der Mensch mehr noch als jede Biene und jedes in Herden lebende Lebewesen ein gemeinschaftbildendes Lebewesen ist, ist offenbar. Denn

[22] So sagt Hsün-tzu, a. a. O., S. 123.

[23] Pol. I 2, 1253 a 27 ff.

[24] Von anderer Art ist die von Clark 1975 behandelte typologische Verwandtschaft der Lehren von Aristoteles mit dem Neukonfuzianismus bei Chu Hsi (1130–1200).

nichts macht die Natur, wie wir sagen, vergeblich. Und es ist allein der Mensch, der unter den Lebewesen Sprache hat. Die [bloße] Stimme ist das Zeichen für Unangenehmes und Angenehmes und kommt darum auch den anderen Lebewesen zu. Bis dahin ist ihre Natur gelangt, daß sie Unangenehmes und Angenehmes empfinden und dieses einander durch Zeichen zu verstehen geben. Die Sprache aber ist dazu da, das Nützliche und das Schädliche, ebenso auch das Gerechte und das Ungerechte kund zu tun. Denn das ist den Menschen vor den anderen Lebewesen eigen, daß sie allein Gutes und Böses, Gerechtes und Ungerechtes und anderes dieser Art empfinden, und die Gemeinschaft von solchen [Lebewesen] bringt Familie und Staat hervor.[25]

In dem Maße allerdings, in dem theoretische, auf Denken bezogene, und praktische, auf Handeln bezogene, Philosophie – τὸ νοεῖν und τὸ φρονεῖν – seit Aristoteles in zunehmender gegenseitiger Unabhängigkeit ausgebildet werden, schwindet auch die Möglichkeit, diese beiden Definitionen des Menschen ineinander zu überführen. Insbesondere muß man beachten – Hannah Arendt (1906–1975) hat darauf aufmerksam gemacht[26] –, daß mit der lateinischen Übersetzung von ‹πολιτικόν› in ‹sociale› ein Prozeß der Überführung des Politischen in das nach Analogie des Haushalts aufgefaßte Gesellschaftliche einhergeht; darin drückt sich, wie schon in der Einschätzung des Merkmals ‹vernünftig›, die immer wiederkehrende irreführende Tendenz aus, eine reine Reflexionsbestimmung ‹gemeinschaftbildend› in eine bloß positive Bestimmung ‹gesellschaftlich / sozial› zu verwandeln, also aus einer Selbstzuschreibung eine 'natürliche' Eigenschaft zu machen.

Im Konfuzianismus bleiben beide Bestimmungen, 'Rationalität' und 'Sozialität', gleichwertig, weil dort jede Unterscheidung und ihre Beurteilung, also Fähigkeiten der 'Vernunft', ausschließlich im Kontext praktischer Zwecke des sozialen Zusammenhangs auftreten.

1.2 *Die Doppelnatur des Menschen*

Kehren wir zurück zu den mit der Selbstcharakterisierung ‹vernünftiges Lebewesen› verbundenen wichtigsten Reflexionen unserer eigenen philosophischen Tradition.

25 Pol. I 2, 1253 a 7–18.

26 In Arendt 1958 unter dem Titel ›Man: A Social or a Political Animal‹ (Abschnitt 4).

Wir hatten schon die aristotelische Erklärung erwähnt, nach der das Vernünftige als reine Tätigkeit und deshalb nicht nach Art eines natürlichen Merkmals zu bestimmen ist; er folgert daraus, und das ist ein platonisches Argument, daß der vernünftige Seelenteil unsterblich, dem Entstehen und Vergehen, weil getrennt vom Leib, nicht unterworfen ist.

Die bisher angeführten Erläuterungen zur Zwischenstellung des Menschen gehen an dieser Stelle eine unglückliche Verbindung mit dem zuerst von den Pythagoreern eingesetzten und später von Platon übernommenen orphischen Mythos von der Zusammensetzung des Menschen aus sterblichem ('bösem') Leib und unsterblicher ('guter') Seele ein; diese Verbindung einer bereits ein Stück weit gelungenen Rechtfertigung des Mythos vom Menschen zwischen Tier und Gott – der 'Zwischenstellung' des Menschen – mit dem ganz anderen Mythos von der 'Doppelnatur' des Menschen, gleichsam die 'Remythisierung' einer in Gang gesetzten Aufklärung, ist deshalb so unglücklich, weil die ursprünglich durch Unterscheidungs- und Urteilsfähigkeit charakterisierte Vernunft entgegen der diese Charakterisierung leitenden Absicht wieder auf derselben Ebene wie der Leib erscheint, ihre Unterschiedenheit von einem natürlichen Merkmal deshalb mit der Eigenschaft Unsterblichkeit ausgedrückt wird. Aus dem vernünftigen Lebewesen, einem 'Sterblichen' – so hießen die Menschen (ἄνθρωποι) im Gegensatz zu den unsterblichen Göttern (θεοί) nach klassischer griechischer Auffassung –, ist ein teils Sterblicher, teils Unsterblicher geworden; mit allen Konsequenzen für das neuzeitliche Verständnis der ‹Natur-Kultur›-Unterscheidung bis hin zur heute auch in dieser Gestalt als fragwürdig begriffenen Trivialisierung, daß zwar der einzelne Mensch sterblich, der Mensch als Gattung hingegen unsterblich sei.

Bei Philon von Alexandrien (ca. 25 v. Chr. – 50 n. Chr.), dessen Verschmelzung jüdischer Theologie mit griechischer Philosophie für das frühe Christentum einflußreich gewesen ist, heißt der Mensch die 'gemeinsame Grenze' (μεθόριον) der sterblichen und unsterblichen Natur, der Mensch ist sterblich dem Leibe nach, der Vernunft nach unsterblich.[27] Das so entstandene Dilemma hat einerseits die Übernahme dieses Lehrstücks in die frühchristliche Theologie bis hin zur Scholastik begünstigt; bei Aurelius Augustinus (354–430) zum Beispiel erscheint die Mischung der *animal-ratio-*

[27] De opificio mundi, c. 46, Cohn / Wendland 1896–1930, I, S. 47.

nale-Definition mit der Zusammensetzung aus Sterblichem und Unsterblichem in der folgenden Fassung:

So ist der Mensch ein Mittleres, aber zwischen den Tieren und Engeln. Denn während das Tier ein unvernünftiges und sterbliches Lebewesen ist, der Engel aber ein vernünftiges und unsterbliches, steht der Mensch in der Mitte, tiefer als die Engel und höher als die Tiere [medius homo est, sed inferior angelis, superior pecoribus], und hat mit den Tieren die Sterblichkeit, mit den Engeln die Vernunft gemeinsam, ist also ein vernünftiges und sterbliches Lebewesen.[28]

Andererseits aber wurden damit zugleich Spekulationen über die Zuordnung der Seele (griech.: ψυχή, lat.: *anima*) ausgelöst, deren Folgen, ob im sogenannten 'Leib-Seele-Problem' (engl.: mind-body problem) oder in der 'Philosophie des Geistes' (engl.: philosophy of mind), bis heute nicht bewältigt sind. Man achte beispielsweise nur auf das eben angegebene englische Äquivalent ‹mind› sowohl für ‹Seele› wie für ‹Geist› in diesem Zusammenhang. Es entstand nämlich die Frage, ob die Seele – im ganzen oder teilweise, das blieb selbst strittig – mit dem Geist (griech.: νοῦς, lat.: *mens* oder *animus*, im christlichen Sprachgebrauch statt dessen überwiegend: πνεῦμα und *spiritus*) gleichzusetzen oder als ein Drittes, als 'Vermittler' zwischen Körper (griech.: σῶμα, lat.: *corpus*) und Geist, anzunehmen oder gar zusammen mit dem Körper als 'Leben' dem Geist gegenüberzustellen sei.

Die teilweise Gleichsetzung herrscht weitgehend dank der einflußreichen platonischen Tradition von der Spätantike bis in die mittelalterliche Philosophie, bei Augustin ebenso wie bei Thomas von Aquin (1224–1274). Bei Augustin ist der Geist (*mens*), sofern durch den Glauben gereinigt, der rationale, zur Leitung des Leibes bestimmte Teil der Seele (*anima*), so daß er auch allein, *pars pro toto*, als Gottes Ebenbild (*imago dei*) behandelt werden kann.[29] Die von Thomas beibehaltene Gleichwertigkeit von *mens* mit *anima rationalis* tritt bei ihm in der Weise verfeinert auf, daß ‹Geist› die Bezeichnung eines Bereichs von Fähigkeiten (*potentiae*) der Seele ist, was es ihm erlaubt, den rationalen Seelenteil *materialiter* mit dem Körper zu vereinigen, *formaliter* hingegen, in den geistigen Akten, vom Körper völlig zu trennen.

Die durchgängige Gleichsetzung setzt sich historisch wirksam

[28] De civitate dei IX, 13 (Perl 1979).

[29] Vgl. H. K. Kohlenberger, Artikel ‹Geist› IV–V, in WP III, Sp. 169–180.

erst mit René Descartes (1596–1650)[30] und im Umkreis des Cartesianismus durch, allerdings leiht teils der Geist (*l'esprit*), teils die Seele (*l'âme*) dem Gegenspieler des Körpers den Namen: Nicole Malebranche (1638–1715) etwa verwendet ‹esprit› (l'homme est composé de deux substances, esprit & corps[31]), Blaise Pascal (1623–1662) hingegen beide Termini (nous sommes composés de deux natures opposées et de divers genres, d'âme et de corps [...] nous sommes composés d'esprit et de matière[32]), wobei als Charakteristika von Körper und Seele ausdrücklich Instinkt und Vernunft auftreten.[33]

Eine Dreiteilung in Körper, Seele und Geist findet sich bei Plotin (205–270) und in der das frühe Christentum bestimmenden Gnosis[34], und noch in der Schulphilosophie des 18. Jahrhunderts wird sie im Zusammenhang der übrigen Möglichkeiten diskutiert, wie man im Artikel ‹Mensch› in Johann G. Walchs ›Philosophisches Lexicon‹[35] nachlesen kann. Die Variante schließlich einer Entgegensetzung von Geist und beseeltem Körper mit der kulturkritisch auftretenden Pointe, daß entgegen der platonischen Tradition jetzt der Geist negativ und der beseelte Körper positiv bewertet sind, findet sich in deutlicher Anknüpfung an Jean Jacques Rousseau (1712–1778)[36] zum Beispiel in der Lebensphilosophie von Ludwig Klages (1872–1956)[37] und bei Theodor Lessing (1872–1933)[38], mit der um-

[30] Vgl. Zweite und Sechste Meditation (Gäbe 1977).

[31] Malebranche 1688, S. 104.

[32] Pensées, Nr. 199 (= Lafuma 1963, S. 527b).

[33] Vgl. Pensées, Nr. 112 (= Lafuma 1963, S. 513a).

[34] Vgl. Bultmann [3]1963.

[35] Philosophisches Lexicon, Darinnen die in allen Theilen der Philosophie, als Logic, Metaphysic, Physic, Pneumatic, Ethic, natürlichen Theologie und Rechts-Gelehrsamkeit, wie auch Politic fürkommenden Materien und Kunst-Wörter erkläret, und aus der Historie erläutert; die Streitigkeiten der ältern und neuern Philosophen erzehlet, die dahin gehörigen Bücher und Schrifften angeführet, und alles nach Alphabetischer Ordnung vorgestellet worden, Mit nötigen Registern versehen und herausgegeben von Johann Georg Walch, Leipzig [2]1740, Sp. 1771–1777.

[36] Die wichtigsten Argumentationen, der Position von Meng-tzu im konfuzianischen Schulstreit um die Natur des Menschen ähnlich, finden sich in den beiden Streitschriften ›Über Kunst und Wissenschaft‹ (1750) und ›Über den Ursprung der Ungleichheit unter den Menschen‹ (1755), vgl. Weigand 1955.

[37] Klages 1929–1932.

[38] Lessing 1919; darin einführend Lessing 1921.

gekehrten platonischen Bewertung hingegen in der Anthropologie Schelers.[39]

Von den zahllosen Details, die historische Forschung in diesem Zusammenhang erarbeitet hat,[40] sollten wir festhalten, daß in der Stoa erstmals die Charakterisierung des Verhaltens nichtmenschlicher Lebewesen als instinktgesteuert auftritt. Mit dem neu gebildeten Ausdruck ‹instinctus› für den Trieb (griech.: ὁρμή), etwas zu tun, das so aussieht 'als ob' es aus Vernunft, nämlich überlegt, geschehe, war der im sozialen Zusammenhang 'durch Nachahmung'[41] individuell vielfältig ausgebildeten menschlichen Fähigkeit zur Unterscheidung und Beurteilung eine der jeweiligen Tierspezies angeborene und deshalb nicht individuell variierende Fähigkeit, sich den Lebensbedürfnissen der Art entsprechend zu verhalten, zur Seite gestellt worden, die auf der Ebene der Fähigkeiten dieselbe Gleichbehandlung der beiden Anteile des Menschen durchsetzt, die der Substanz-Ebene durch die Verbindung der Zwischenstellung des Menschen mit seiner Doppelnatur widerfahren war.

Seither gilt der Mensch grundsätzlich für aus zwei Substanzen zusammengesetzt, die eine, 'res extensa', verhält sich 'instinktiv', die andere, 'res cogitans', äußert sich 'vernünftig', und der einzelne Mensch hat die Wahl – dies ist der Rest der ursprünglich 'vernünftig' genannten Selbstbestimmung –, ob er der Vernunft folgen will oder ob er sich seinen Trieben überläßt.[42] Allerdings ist in der katholischen und evangelisch-lutherischen Tradition, Augustin folgend, auch noch diese Wahl durch einen Gnadenakt Gottes ersetzt worden, eine zwingende Folge der Überführung der Vernunftfähigkeit in eine Vernunftsubstanz, wenn man vermeiden will, daß so die Zwischenstellung in die Doppelnatur übergeht und damit der 'Abstand' des Menschen zu Gott und Tier zugunsten einer doppelten 'Teilhabe' aufgehoben wird.

Erst die mit der Renaissance beginnende neuzeitliche Tradition nimmt keinen Anstoß mehr an der doppelten Teilhabe, sieht in der Vernunftfähigkeit vielmehr eine 'gottähnliche' Schöpferkraft, die es dem Menschen erlaubt, eine zweite Natur hervorzubringen, mit der

[39] Vgl. das Zitat in der Einleitung, S. 4.

[40] Vgl. den Artikel ‹Mensch› in WP V, Sp. 1059–1105.

[41] Vgl. Seneca, Ep. mor. 90, 22 (Rosenbach 1984).

[42] Vgl. Galenos, On the Doctrines of Hippocrates and Plato, in De Lary 1978.

die erste verbessert und verschönert wird, eine Selbsteinschätzung, die erst in der Gegenwart einer weltweiten, mittlerweile sich sogar gegen die Vernunft richtenden einschneidenden Ernüchterung gewichen ist.

Nikolaus von Kues (1401–1464) gehört zu den ersten, die in direkter Anknüpfung an den biblischen Schöpfungsmythos die Gottebenbildlichkeit als Gottähnlichkeit deuten und damit die These verbinden, der Mensch habe die Fähigkeit, diese Ähnlichkeit in einem gattungsgeschichtlichen Prozeß zu vervollkommnen. Von der daran anschließenden, in der Aufklärung entwickelten Idee einer 'Erziehung des Menschengeschlechts' – dies ist ein Ausdruck Johann Gottfried Herders (1744–1803) – wird das nächste Kapitel ausführlicher handeln.

Natürlich ist die neuzeitliche Unbefangenheit gegenüber dem Mythos von der Doppelnatur des Menschen, wie sie in der ersten Phase von Descartes mit dem Dualismus von denkender Substanz (*res cogitans*) und ausgedehnter Substanz (*res extensa*) kanonisiert worden ist[43] und wie sie in der letzten Phase von Kant mit der Unterscheidung vom Menschen als Vernunftwesen und zugleich Sinnenwesen (*homo noumenon* und *homo phaenomenon*) ihre bis heute weiterwirkende klassische Fassung bekommen hat[44], nur möglich geworden, weil auch der zweite Mythos in dieser Zeit dem Versuch einer 'Rationalisierung' und damit Entmythisierung unterzogen wurde. Schon Descartes nämlich unterscheidet beide Anteile so, daß ich eine *res cogitans bin*, hingegen einen Körper, sofern dieser eine *res extensa* und keine *res cogitans* ist, *habe*,[45] wobei Gott garantiert, daß die Ideen von Körpern, die in mir hervorgerufen werden, grundsätzlich zuverlässig sind.

Der einzelne Mensch kann sich nur seines Denkens im Vollzug gewiß sein; die Gegenstände des Denkens, sofern sie nicht das Denken selbst betreffen, bleiben unerreichbar und sind nur über das zirkelhafte Postulat, daß jeder eine ihm von Gott eingepflanzte Idee Gottes (*idea innata*, eingeborene Idee) habe, mit Hilfe der daraus folgenden Gewißheiten zu sichern. Denken allein macht das 'Wesen' eines Menschen aus; er könnte auch ohne seinen Körper existieren, folgert Descartes daraus kühn. Damit ist Denken als Tätigkeit, als 'geistige' Tätigkeit oder Erscheinungsform der Vernunft,

[43] Vgl. bes. Meditatio II, sect. 5–8, und Meditatio VI, sect. 9–15.

[44] Vgl. Die Metaphysik der Sitten. Tugendlehre A 93.

[45] Vgl. Meditatio VI, sect. 9.

wiederentdeckt, allerdings um sein dabei Sich-auf-etwas-Richten, wenn es sich nicht auf sich selbst richtet, betrogen worden. Darüber hinaus werden auf diese Weise erstmals auch Fähigkeiten, wie sie in Verhaltensweisen oder Tätigkeiten verwirklicht auftreten, als Gegenstände auf derselben Stufe wie die Träger dieser Fähigkeiten behandelt und damit beide 'substanziell' statt grundsätzlich das eine nur als Eigenschaft des anderen; dennoch verhindert gerade diese mit dem Substanzbegriff verbundene Unabhängigkeit diejenigen Überlegungen, die nötig sind, um aus Vollzügen, seien sie scheinbar 'innere' wie Zweifeln oder scheinbar 'äußere' wie Essen, die Unterscheidung in Träger der Vollzüge, die 'Subjekte', auf der einen Seite und auf der anderen Seite zum einen die Vollzüge selbst, als Handlungen, sowie zum andern diejenigen Gegenstände, auf die sie sich richten – beides sind 'Objekte' (z. B. das Zweifeln und der Gegenstand des Zweifels, etwa ob ich beim Essen satt werde; das Essen und das, was ich esse) –, wiederzugewinnen.

Der Ausweg einer Identifizierung des Subjekts allein mit der Fähigkeit zu *mentalen* Tätigkeiten markiert den Beginn einer Philosophie des Bewußtseins, die bis zu Husserls ausdrücklich an Descartes anschließenden ›Cartesianische Meditationen‹ (1929) die Existenz eines vom philosophierenden Ich verschiedenen Menschen denkend nicht mehr zu bewältigen vermag. Die in der Monadenlehre von Gottfried Wilhelm Leibniz (1646–1716) enthaltene, aber im eher wieder mythisierenden Bild von der prästabilierten Harmonie zwischen einem Reich der Wirkursachen – dem physischen Reich der Natur – und einem Reich der Zweckursachen – dem moralischen Reich der Gnade – schon den Zeitgenossen unverständlich, ja sogar lächerlich erschienene geniale Lösung der Descartesschen Probleme jedoch ist erst in der Gegenwart dank der von Cassirer entwickelten These vom Menschen als dem Zeichen einsetzenden Lebewesen (*animal symbolicum*) erkannt worden, sie wird uns im letzten Kapitel beschäftigen.

Faktisch wirksam bis hin zu Kant und über ihn hinaus bis heute wurden, zumindest teilweise, zwei andere Antworten auf die durch Descartes' Behandlung der Doppelnatur des Menschen entstandenen Probleme. Es sind die materialistische Reduktion des Bewußtseins auf Körperliches bei Thomas Hobbes (1588–1679) und die Beschränkung des Vernünftigen auf Eigenschaften eines allgemeinen Subjekts bei Baruch Spinoza (1632–1677). Hobbes ebenso wie Spinoza bleiben bei der bewußtseinstheoretischen Auszeichnung der *res cogitans* gegenüber der *res extensa*, insofern ein 'innerer Zustand unseres Geistes' (*accidens animi internum*)[46] oder eine 'Vorstellung' (*idea*)[47] einerseits selbst ein erforschbarer innerer Gegenstand ist, andererseits als 'Erscheinung' eines äußeren Gegenstandes oder Körpers auftritt (*species rerum externarum* [...] *existere apparentes*, Hobbes) beziehungsweise einen solchen Körper zum Gegenstand hat (*objectum ideae*, Spinoza). Sie gehen aber verschiedene Wege, wenn Hobbes daraufhin das Programm einer logisch-kausalen Erklärung dafür entwirft, wie es sowohl zu den 'Phantasmata', eben den Vorstellungen von Körpern, wie auch den anderen Zuständen des Geistes kommt, und in mechanischen Bewegungsgesetzen für das Aufeinanderwirken von Körpern – dazu gehören auch die Menschen und ihre Vergesellschaftungen, die 'sozialen Körper' –, in einer theoretischen Konstruktion mit Mitteln der Physik seiner Zeit also, die Antwort sucht, während Spinoza anhand eines Entwurfs adäquater Erkenntnis ein Verstehen davon erzeugen will, wie die Trennung in leidenschaftliches Verhalten – die *passiones* bei Spinoza entsprechen in ihrer Rolle den überlieferten Instinkten – und vernünftiges Verhalten nur das Resultat einer, allerdings unvermeidlichen, inadäquaten Erkenntnis ist.

Zwar ist es richtig zu sagen, daß der Mensch aus Geist (*mens*) und Körper (*corpus*) bestehe, aber in Wahrheit sind beide nur Auffassungsweisen derselben Sache[48]: Das Wesen des Menschen (*essentia hominis*) ist ein Modus, eine 'Ausdrucksweise', der einzig existierenden Substanz, die bei Spinoza ‹Gott› heißt, und zwar Geist, insofern Gott unter dem Attribut Denken (*cogitatio*), und Körper, insofern Gott unter dem Attribut Ausdehnung (*extensio*) begriffen, und das heißt jeweils eine Modifikation dieser beiden Attribute ausgesagt wird; Gott selbst, also Substanz, ist allein durch Fähigkeit (*potentia*) charakterisiert.[49]

[46] Hobbes, De corpore II, Kap. 7.

[47] Spinoza, Ethica II, Lehrsätze 11–13.

[48] Ethica III, Anmerkung zum Lehrsatz 2.

[49] Ethica I, Lehrsatz 34; der mit aristotelischen Termini markierte Gegensatz zu Leibniz – Gott als reine Potenz und nicht als reiner Akt (vgl. Anm. 15) – ist in theologischer Einkleidung dieselbe, von der Stufe der Artikulation des Zusammenhangs von Selbsterkenntnis und Welterkenntnis abhängige, Differenz, die zwischen dem (nicht-holistischen) Mādhyamika von Nāgārjuna (2. Jh. n. Chr.) und dem (holistischen) Yogācāra von Vasubandhu dem Älteren (ca. 320–380) in der Philosophie des Mahāyāna-Buddhismus besteht: Mit der Aufhebung jeden Unterscheidens und jeder Unterschiedenheit entspricht das *nirvāṇa* im Mādhyamika der reinen Potenz, während es

Hobbes' konsequente Vergegenständlichung auch der mentalen Tätigkeiten – durch die Rede von 'inneren Zuständen unseres Geistes' bereits vorbereitet, wobei, anders als bei Descartes, der den Schritt von 'meinem Geist' zu 'unserem Geist' nur theologisch absichern kann, diese Tätigkeiten einen allgemein zugänglichen Bereich bilden – führt zu einer Theorie des Menschen als Teil einer verallgemeinerten Physik, in der auch Mittel-Zweck-Zusammenhänge – das berühmteste Beispiel: Verzicht auf einen Bereich individueller Willensäußerungen durch einen Sozialvertrag zugunsten eines in diesem Bereich einheitlichen Willens (*unio voluntatum*) zum Zweck besserer Selbsterhaltung – letztlich durch Ursache-Wirkungs-Zusammenhänge erklärt sind.

Auf der Ebene der Gegenstände, von denen eine solche Theorie handelt, sei sie wie bei Hobbes und später bei den Enzyklopädisten[50] oder in diesem Jahrhundert im Umkreis des Logischen Empirismus[51] einheitswissenschaftlich konzipiert oder beharre sie, insbesondere wenn es um den Menschen geht, auf der methodologischen Unterscheidung zwischen Naturwissenschaften, die kausale Erklärungen beibringen, und Kulturwissenschaften, die intentionale Regelmäßigkeiten verstehen wollen, ist die Doppelnatur des Menschen nur noch als Erinnerung an einen scheinbar überwundenen Mythos lebendig. Die ursprünglich als Selbstbestimmung vorgetragene Auszeichnung durch Vernunft ist zum Faktum des Theorienbildens im Sinne neuzeitlicher Wissenschaft geworden, das reflexiv nicht mehr eingeholt werden kann. Es ist daher nur konsequent, wenn in der Neuzeit und besonders pointiert bei Karl Marx (1818–1883) die Vernunft zu einer bloß natürlichen Ausstattung verkommt, der als wirkliche Selbstbestimmung 'Lebensweisen', also Tätigkeiten, durch die sich die Menschen 'produzierend' selbst hervorbringen, gegenüberstehen:

Man kann die Menschen durch das Bewußtsein, durch die Religion, durch was man sonst will, von den Tieren unterscheiden. Sie selbst fangen an, sich

---

im Yogācāra als streng singularer und daher trotz schrankenloser Vielfachheit nicht fixierbarer, die Subjekt-Objekt-Spaltung aufhebender Vollzug dem reinen Akt entspricht; vgl. meinen Artikel ‹Philosophie, buddhistische›, in Mittelstraß 1980–1991, III.

[50] Vor allem bei J. O. de La Mettrie (L'Homme machine, 1747), C. A. Helvétius (De l'Esprit, 1758) und P. H. T. d'Holbach (Système de la Nature, 1770).

[51] Vgl. Foundations of the Unity of Science. Toward an International Encyclopedia of Unified Science (= Neurath / Carnap / Morris 1969–1970).

von Tieren zu unterscheiden, sobald sie anfangen, ihre Lebensmittel zu *produzieren* [...]. Diese Weise der Produktion ist nicht bloß nach der Seite hin zu betrachten, daß sie die Reproduktion der physischen Existenz der Individuen ist. Sie ist vielmehr schon eine bestimmte Art der Tätigkeit dieser Individuen, eine bestimmte Art, ihr Leben zu äußern, eine bestimmte *Lebensweise* derselben. Wie die Individuen ihr Leben äußern, so sind sie.[52]

Anders die Folgen aus Spinozas Vorgehen: Spinoza bleibt in der Anwendung auf den Menschen so konsequent auf der Ebene des Erkenntnisse-Aufstellens und -Begründens, wie Hobbes auf der Ebene der Gegenstände, über die er Theorien bildet. Nur insofern der Mensch adäquate Erkenntnisse hat, und das heißt neben dem Wissen über die Beschaffenheit der Gegenstände auch noch die Ursachen dieser Beschaffenheiten kennt, was nach Spinoza nur sein kann, wenn der Mensch selbst kraft seiner Handlungen diese Ursache ist, gilt er als vernünftig. Im anderen Fall erleidet er seine Handlungen oder gewisse ihrer Anteile, er ist von Leidenschaften beherrscht, weil er die außer ihm selbst liegenden Ursachen dieser Affekte nicht adäquat erkennt. Mit rationalen Affekten, die er bewußt selbst hervorbringt, und die mit der Erkenntnis des Guten eins sind,[53] kann er ihnen gegensteuern und so der Selbsterhaltung dienen. Dazu gehört der Wunsch, „daß Alle in Allem so übereinstimmen, daß die Geister und Körper Aller gleichsam *einen* Geist und *einen* Körper bilden, und Alle zugleich, so viel sie vermögen, ihr Sein zu erhalten streben, und Alle zugleich den gemeinschaftlichen Nutzen Aller für sich suchen"[54]. Daraus folgert Spinoza, daß Leidenschaften vereinzeln,[55] sich der Leitung der Vernunft zu unterstellen hingegen gleich macht.[56]

Auf der Ebene der adäquaten Erkenntnisse gibt es keinen bloß individuellen Menschen mehr; die faktisch nicht eliminierbare Abweichung von allgemeiner Übereinstimmung bleibt Zeichen der unaufhebbaren körperlichen Individuierung. Die Doppelnatur des Menschen ist in die Gegenüberstellung des allgemeinen und deshalb 'vernünftigen' Ich mit dem einzelnen empirischen und deshalb bloß 'na-

[52] Die Deutsche Ideologie, in: Lieber 1960–1971, II, S. 16 f; von Hannah Arendt unter der leitenden Idee, daß in der Neuzeit das *animal laborans* das *animal rationale* ersetzt habe, in ›The Human Condition‹ (1958), Abschnitt 11, erörtert.

[53] Ethica IV, Lehrsatz 8.

[54] Ethica IV, Anmerkung zum Lehrsatz 18.

[55] Ethica IV, Lehrsatz 32.

[56] Ethica IV, Lehrsatz 35.

türlichen' Ich verwandelt worden. Konnte bei Spinoza der einzelne Mensch deshalb nie völlig vernünftig, aber auch nie völlig unvernünftig sein, so zieht Kant statt dessen daraus seine berühmten radikalen Konsequenzen. Die *res cogitans* wird sowohl entsubstanzialisiert, zum 'Vernunftvermögen', als auch – getreu der auf Aristoteles zurückgehenden Rolle der Materie als Prinzip der Individuation ihrer Formen – entindividuiert, zum 'transzendentalen (oder logischen) Subjekt', der nur noch formalen Einheit aller Äußerungen des Vernunftvermögens; und zugleich wird die Differenz zur *res extensa* nicht mehr darauf zurückgeführt, daß die *res cogitans* die *res extensa* zum Gegenstand hat – diese noch, weil unaufgeklärt, bloß hingenommene (bei Descartes, wie wir gesehen hatten, sogar mit einem theologischen Argument), von Kant der metaphysischen Tradition zugerechnete erkenntnistheoretische 'Relation' soll selbst als Leistung der Vernunft begriffen werden –, sondern darauf, daß sich die *res cogitans* als Vernunftvermögen mit dem Bereich des *Sollens* befaßt, „der Einheit der Verstandesregeln unter Prinzipien"[57], hingegen die *res extensa* als Einheit der Erscheinungen den von den Verstandesregeln bestimmten Bereich des *Seins* bildet.

Die von David Hume (1711–1776) entdeckte logische Unabhängigkeit des Sollens vom Sein wird auf die logische Überordnung des Vernunftvermögens über das Verstandesvermögen gegründet. Die damit erreichte doppelte Ausstattung des transzendentalen Subjekts – es ist unmittelbar die Fähigkeit zur Reflexion (= Vernunftvermögen) und mittelbar die Fähigkeit zum Denken (= Verstandesvermögen) – erlaubt es, die erkenntnistheoretische Relation, wie verlangt, als Leistung der Vernunft zu begreifen, zugleich aber verbietet es die ausschließlich normative (= gesetzgebende) Rolle des transzendentalen Subjekts, vom philosophierenden Ich verschiedene Menschen 'als Menschen', nämlich als der Vernunft fähige Wesen, überhaupt noch zu erkennen. Wenn daher Kant sich häufig so ausdrückt, daß ein Mensch zu zwei Reichen gehört, einem Reich der Natur, der 'Sinnenwelt', und einem Reich der Freiheit (oder Zwecke), der 'Verstandeswelt', so meint er, und das betont er immer wieder, daß es um die Unterscheidung eines empirischen Individuums, eines Menschen oder *homo phaenomenon*, von seinem, sofern es sich seiner Vernunft bedient, Wissen um die Zugehörigkeit zur sittlichen Gattung 'Menschheit' (*homo noumenon*) gehe.[58]

[57] Kritik der reinen Vernunft A 302.

[58] Die Metaphysik der Sitten. Tugendlehre A 48.

Als Sinnenwesen steht der Mensch unter Naturgesetzen: seine Handlungen werden von 'sensiblen' Ursachen, also von einem Sein, als kausal bestimmt betrachtet; als Vernunftwesen hingegen steht der Mensch unter Gesetzen der Freiheit, das sind Regeln, die er sich selbst auferlegt: Seine Handlungen werden von 'intelligiblen' Ursachen, also von einem Sollen, nämlich einen Zweck zu verwirklichen, als intentional bestimmt betrachtet.[59] In diesem zweiten Fall, der sich, weil in keiner Erfahrung gegeben, weder als wirklich noch selbst als möglich erweisen läßt, vielmehr nur unter Voraussetzung der transzendentalen Idee der Freiheit, nämlich des Vermögens, „eine Reihe von Begebenheiten von selbst anzufangen“[60], dem Menschen Handlungen als allein vernunftbestimmt zuzuschreiben erlaubt, was Kant so ausdrückt, daß der Mensch Subjekt einer moralisch-praktischen Vernunft und damit Person ist,[61] tritt der Mensch nicht mehr individuell, sondern nur noch 'als Mensch' und damit als Vertreter 'aller Menschen' auf. Kant spricht in diesem Fall auch vom Menschen als einem 'vernünftigen Wesen' – z. B. in der ›Grundlegung zur Metaphysik der Sitten‹ (1785) – oder von 'der Menschheit in einer Person'[62] beziehungsweise dem 'intelligiblen Charakter der Menschheit'[63], ja er nennt sogar den empirischen Charakter des Menschen das 'sinnliche Schema' seines intelligiblen Charakters[64] und spricht dem Menschen als Sinnenwesen nur den äußeren Wert einer Sache, den Preis einer Ware, zu.[65]

Allein der Mensch als Person [...] ist über allen Preis erhaben; denn als ein solcher (*homo noumenon*) ist er nicht bloß als Mittel zu anderer ihren, ja selbst seinen eigenen Zwecken, sondern als Zweck an sich selbst zu schätzen, d. i. er besitzt eine Würde [...], wodurch er allen anderen vernünftigen Weltwesen Achtung für ihn abnötigt, sich mit jedem anderen dieser Art messen und auf den Fuß der Gleichheit schätzen kann.[66]

Insofern Menschen vernünftig und das heißt allein aus Achtung vor dem Sittengesetz Handelnde sind, sind sie gleich; das Problem, woher das 'Faktum des Sittengesetzes' eigentlich stammt, also *wie* übereinstimmende Unterscheidungen und Beurteilungen gewonnen

[59] Kritik der reinen Vernunft A 546 ff.
[60] Kritik der reinen Vernunft A 554.
[61] Die Metaphysik der Sitten. Tugendlehre A 93.
[62] Die Metaphysik der Sitten. Tugendlehre A 94.
[63] Anthropologie A 320.
[64] Kritik der reinen Vernunft A 553.
[65] Die Metaphysik der Sitten. Tugendlehre A 93.
[66] Ebd.

werden können, entsteht gar nicht erst. Das Reich der Natur ist als gemeinsam vorausgesetzt, durch das Faktum ihrer wachsenden wissenschaftlichen Erfassung – für Kant paradigmatisch in der Newtonschen Physik – gesichert; die selbstverständlich ebenfalls gemeinsame Erkenntnis davon begreiflich zu machen kann allein durch eine Untersuchung der Bedingungen ihrer Möglichkeit geschehen. Es ist die Pointe der theoretischen Philosophie Kants, die Erkenntnis objektiver Realität nicht in den erkannten Objekten, sondern in den 'vernünftigen' Handlungen des transzendentalen Subjekts als Bedingungen ihrer Möglichkeit zu verankern. So vererbt sich die Allgemeinheit des Subjekts auf die Allgemeinheit des Bereichs der Erfahrung.

Das Reich der Freiheit hingegen kann ohnehin nur gemeinsam betreten werden, wenn anders eine moralische Existenz möglich, das 'moralische Gefühl', die subjektive Entsprechung zum objektiven Faktum des Sittengesetzes, berechtigt sein soll. Nichts anderes artikuliert der kategorische Imperativ, der in einer seiner vielen Formulierungen zur Verallgemeinerbarkeit 'meiner' Handlungsregel, einer Maxime, zu einer allgemeinen Handlungsregel, einem Gesetz, auffordert: „Handele nur nach derjenigen Maxime, durch die du zugleich wollen kannst, daß sie ein allgemeines Gesetz werde."[67] Warum aber handelt dann ein einzelner Mensch nicht durchweg vernünftig, oder, vorsichtiger, warum kann kein anderer, ja nicht einmal ich selbst, es von meinen Handlungen wirklich wissen, ob sie allein vernunftbestimmt und damit gut sind? Kants Antwort: weil Vernunft nur die Gattung Mensch charakterisiert, diese aber nicht, wie bei anderen Tiergattungen, mit ihren Charakteristika in jedem Individuum auftritt, „sich das menschliche Geschlecht nur durch Fortschreiten, in einer Reihe unabsehlich vieler Generationen, zu seiner Bestimmung emporarbeiten kann"[68].

An die Stelle der bei Spinoza logisch gefaßten Begründung für fehlende Allgemeinheit im Denken und Handeln, nämlich weil Menschen nur in Individuen vereinzelt auftreten, tritt bei Kant ein empirisch gewendetes Argument: „Die Natur [hat] den Keim der Zwietracht in die [lies: die Menschengattung] gelegt und gewollt [...], daß ihre eigene Vernunft aus dieser die [...] Eintracht, wenigstens die beständige Annäherung zu derselben, herausbringe."[69]

[67] Grundlegung zur Metaphysik der Sitten A 52.
[68] Anthropologie A 319.
[69] Anthropologie A 316.

Und er tut dies, obwohl seine diesem Argument unmittelbar voraufgehende Erklärung, der Mensch habe einen Charakter, „den er sich selbst schafft; indem er vermögend ist, sich nach seinen von ihm selbst genommenen Zwecken zu perfektionieren“[70], nicht als naturgeschichtliche Beschreibung, sondern nur als Resultat einer Selbstbestimmung einen Sinn ergibt.

Hier rächt sich, daß mit der Entindividuierung des sich vernünftig äußernden Subjekts nicht mehr der einzelne Mensch Träger der Vernunft sein kann, ein Einzelner nur, wenn er als, im übrigen von außen nicht auf Zuverlässigkeit beurteilbares, Sprachrohr eines allgemeinen Subjekts, der Menschheit als sittlicher Gattung, auftritt, vernünftig zu heißen verdient.

Es war sicher die Faszination, die von der Leistungsfähigkeit der mit Objektivierung einhergehenden Verwissenschaftlichung ständig wachsender Bereiche menschlicher Handlungszusammenhänge ausging – die von Kant ‹technisch› genannten führen zu den Naturwissenschaften, die von ihm ‹pragmatisch› genannten zu den Kulturwissenschaften,[71] in deutlicher Anknüpfung an die antike Unterscheidung von Hervorbringen (ποιεῖν) und Handeln (πράττειν), die Aristoteles zu seiner Dreiteilung der Wissenschaften in theoretische, poietische und praktische herangezogen hat[72] –, die dazu führte, das erkennende und tätige Subjekt der Verwechslung mit einem Objekt der Erfahrung soweit wie möglich zu entziehen. In Gestalt des allgemeinen transzendentalen Subjekts war dies Kant gelungen, aber um den Preis einer Vernunft jenseits des für einzelne Menschen, etwa im Gespräch, Erfahrbaren; und darüber hinaus belastet mit der die Selbständigkeit des Subjekts primär auf seine moralisch-praktische Autonomie beschränkenden Gleichsetzung des Reichs der Natur mit dem Reich des Seins und des Reichs der Freiheit mit dem Reich des Sollens.

So bedurfte es auch nur noch eines kleinen Schrittes, um die kantische Behandlung der Doppelnatur des Menschen mit der an Hobbes anknüpfenden szientistischen Tradition zu vereinen. Es genügte, auf alles, was sich nicht zum Gegenstand einer Wissenschaft machen läßt, zu verzichten; anstatt auch zu untersuchen, was es heißt, Subjekt einer moralisch-praktischen Vernunft zu sein, sich also 'selbst'-gewählten, d. h. vernunftbestimmten, allgemeinen Regeln zu

[70] Anthropologie A 315.
[71] Anthropologie A 316 ff.
[72] Vgl. Top. 145 a 15–18.

Apel

unterwerfen, wird nur erforscht, in welcher Weise und weshalb Menschen an Zwecken orientiert handeln. Aus den normativen, moralisch-praktische Handlungszusammenhänge betreffenden Überlegungen sind deskriptive geworden, zugehörig den Kulturwissenschaften jenseits der Selbstreflexion der sie betreibenden Menschen. Die im englischen Sprachgebrauch verbreitete, durch John Stuart Mill (1806–1873) kanonisierte Gegenüberstellung von *natural sciences* und *moral sciences* beweist, wie in der treffenden Wiedergabe von ‹moral sciences› durch ‹Geisteswissenschaften›[73] deutlich geworden ist, daß mit der Ablösung der alten Unterscheidung zwischen Wissenschaften (*scientiae*) und Künsten (*artes*) auch jeder normative, das eigene Handeln dabei reflektierende Aspekt aus der Erörterung intentionaler Regelmäßigkeiten verbannt ist.

Zugleich aber läßt sich daraus ablesen, daß es der unglücklichen und bis heute nicht überwundenen Identifizierung der 'Künste' oder Kunstfertigkeiten mit der Erörterung von Handlungen in normativer, also Zwecke setzender Hinsicht zu verdanken ist, daß in der durch Kant bestimmten philosophischen Tradition die Fähigkeit zur Vernunft insbesondere im Überbau der Reflexionen 'nach' einer Erkenntnis statt zunächst einmal im Unterbau der Fertigkeiten 'vor' einer Erkenntnis gesucht wird.

Ob Logik im Verständnis des philosophischen Konstruktivismus[74] oder Diskurs im Rahmen der Transzendentalpragmatik[75], in beiden, zu explizit wissenschafts*kritischen* Positionen gehörenden Fällen einer Wiederaufnahme der Logik als Kunst des Argumentierens ('art of reasoning') wird mit dem Anspruch moralisch-praktischer Selbstreflexion die Logik als normative Disziplin verstanden; ganz Entsprechendes gilt für die Gricesche Einbettung der Sprechakttheorie in den Rahmen einer Theorie von Rationalitätsmaximen ('Konversationsimplikaturen') für sprachliche Äußerungen,[76] während das Selbstverständnis weiter Teile der traditionellen Logik insbesondere im 19. Jahrhundert mit dem Titel einer 'normativen

[73] Durch J. Schiel 1849 in seiner deutschen Übersetzung von ›A System of Logic Ratiocinative and Inductive. Being a Connected View of the Principles of Evidence and the Methods of Scientific Investigation‹ (1843) eingeführter Terminus.

[74] Vgl. den Sammelband Gethmann 1980 und die sich daran anschließende Diskussion, wie sie dokumentiert vorliegt in Gethmann 1982.

[75] Vgl. die beiden Aufsatzsammlungen Apel 1976 und Kuhlmann / Böhler 1982.

[76] Vgl. die Übersicht über eine breite Diskussion in Meggle 1979.

Wissenschaft' vom Denken oder von den Erkenntnisprozessen wiederum eher auf Beschreibung von Normen zielt, nämlich Darstellung, wie man denken soll, damit man zu wahrer Erkenntnis gelangt, und weniger mit den Problemen von deren Aufstellung und Begründung befaßt ist.[77]

Das Ergebnis, wie es in einem weitverbreiteten Verständnis vom Menschen heute zu finden ist, läßt sich so beschreiben: Auf der einen Seite steht der zur wissenschaftlichen Weltbemächtigung mit ihren Folgen fähige Mensch, auf der anderen Seite stehen die auf diese Weise zu Objekten einer Wissenschaft gewordenen und damit nach geeigneter Analyse sowohl in Ursache-Wirkungs-Zusammenhänge wie in Zweck-Mittel-Zusammenhänge eingebetteten Gegenstände unseres alltäglichen Umgangs, die Menschen, mit denen wir es zu tun haben, eingeschlossen. Die wie eine Einschränkung wirkende ‹Analyse› bezieht sich darauf, daß ein alltäglicher Gegenstand, z. B. ein Tisch, erst einmal auf seine physikalischen Eigenschaften eingeschränkt verstanden werden muß, ehe er zu einem Gegenstand im Ursache-Wirkungs-Gefüge der Physik gemacht werden kann; ganz ähnlich wie ein Mensch, auf soziale Funktionen, etwa eines Nachbarn, eines Familienvaters, eines Verbrauchers usw. beschränkt, erst zum Gegenstand einer sozialwissenschaftlichen Ursache-Wirkungs- *und* Zweck-Mittel-Erörterung wird.

Von den besonderen wissenschaftstheoretischen Traditionen hängt es ab, ob dabei die eine Seite, der Wissenschaft treibende Mensch, mit einem Teil der anderen Seite, dem Menschen in der Rolle des Wissenschaftlers als Gegenstand einer Untersuchung, ohne Rest identifiziert wird, oder ob man erklärt, daß der Mensch, insofern er handelt (wahrnimmt, spricht, denkt ...), nie gänzlich zum Gegenstand einer seiner Handlungen gemacht werden kann. Der erste Fall liegt vor, wenn 'holistische', also ganzheitliche, sich selbst in die erörterten Gegenstände einbettende Positionen eingenommen werden. Sie sind Bestandteil so verschiedener zeitgenössischer Philosophien wie des das empiristische Erbe radikalisierenden Evolutionismus von Willard Van Orman Quine (*1908) – eine in ständiger 'natürlicher' Entwicklung begriffene Überführung von Praxis in Theorie, vom *common sense* über die Einzelwissenschaften zur Philosophie, sorgt für die Approximation *einer* 'Weltansicht' (*world view*), in der schließlich jeder Mensch sich dargestellt finden

[77] Zu den wenigen bemerkenswerten Ausnahmen gehört Drobisch 1851.

kann[78] – oder des das rationalistische Erbe radikalisierenden Transzendentalismus von Carl Friedrich von Weizsäcker (*1912) – ein immer feinerer, in die Praxis menschlicher Handlungszusammenhänge, auch der wissenschaftlich-technischen, 'bewußt' überführter Zusammenhang begrifflicher Konstruktionen, die sich den Theorien grundsätzlich aller Einzelwissenschaften verdanken, soll die Approximation *einer* 'Lebensweise' (*way of life*), die prinzipiell jedem Menschen sein Potential zu entwickeln erlaubt, möglich machen.[79]

Der zweite Fall, der nicht-holistischer Positionen, findet sich ebenfalls bei zeitgenössischen Philosophen ganz verschiedener Herkunft, zum Beispiel in dem die empiristische Herkunft relativierenden 'Irrealismus' von Nelson Goodman (*1906) – die tätigen Subjekte, auch das des Autors, erscheinen allein in Gestalt ihrer verschiedenartigen 'theoretischen' Weltansichten[80] – oder in dem die rationalistische Herkunft vermittelnden 'Interaktionismus' von Jürgen Habermas – das erkennende Subjekt, insbesondere in der Person des Autors, beansprucht, die den 'praktischen' Lebensweisen voraufgehende universale Gemeinsamkeit freizulegen.[81]

Immer aber, so können wir zusammenfassen, bleibt die den Menschen auszeichnende Fähigkeit übrig, sich etwas, und das schließt ihn selbst ein, zum Gegenstand machen zu können. Allerdings mit einer entscheidenden Umkehrung der die neuzeitliche Philosophie des Bewußtseins charakterisierenden Aufteilung von Einzelnem und Allgemeinem. Es ist der einzelne Mensch, der seine Fähigkeit zur Vernunft in einzelnen Sprachhandlungen – und im letzten Kapitel werden wir genauer sehen, in welchem Sinn jedes Handeln, und dann auch Wahrnehmen und Denken, sprachlichen Charakter haben –, die etwas Allgemeines 'meinen', verwirklicht; und stets sind es Gegenstände in einem allgemeinen Aspekt und nicht als einzelne, die von einem Menschen zum Gegenstand gemacht werden können. Statt dessen das 'Denken des Allgemeinen' zu einer Ausstattung des Denkers zu machen, mit allgemeinen Vorstellungen oder Ideen nämlich, und schließlich ein allgemeines Ich allein zum Träger der Vernunft zu erklären ist Resultat der anfangs bereits erwähnten begrifflichen Abspaltung der im antiken Verständnis vom Menschen

[78] Vgl. besonders Quine 1974 und Quine 1981.
[79] Vgl. besonders v. Weizsäcker 1977 und v. Weizsäcker 1985.
[80] Vgl. Goodman 1978.
[81] Vgl. Habermas 1981.

als einem vernünftigen Lebewesen ursprünglich als damit gleichwertig begriffenen Bestimmung des Menschen, ein gemeinschaftbildendes Lebewesen zu sein. Nur im gesellschaftlichen Verkehr der Menschen miteinander kann die Fähigkeit zur Vernunft verwirklicht auftreten, im Gespräch.

Schon Herder erklärt daher in seiner ›Abhandlung über den Ursprung der Sprache‹ (1772): „Hier sei es genug die Sprache als den wirklichen Unterscheidungscharakter unsrer Gattung von außen zu bemerken, wie es die Vernunft von innen ist.“[82] Ihm folgt Wilhelm von Humboldt (1767–1835), wenn er die Sprache den „große[n] Uebergangspunkt von der Subjectivität zur Objectivität“ nennt,[83] der „nur gesellschaftlich [...] zur Wirklichkeit gebracht werden“ kann.[84]

Auf den Menschen selbst angewendet hat diese Bestimmung der Fähigkeit zur Vernunft erstmals Ludwig Feuerbach. Er definiert ihn gleich zu Beginn seiner Schrift ›Das Wesen des Christenthums‹ (1841) als Wesen, dem „seine Gattung [...] Gegenstand ist“[85], allerdings nicht in voller Radikalität, insofern er, noch im Bann der Auszeichnung des allgemeinen Ich, glaubt, der Mensch könne „die Gattungsfunktion des Denkens, des Sprechens [...] ohne einen Anderen verrichten. Der Mensch ist sich selbst zugleich Ich und Du; er kann sich selbst an die Stelle des Anderen setzen, eben deswegen, weil ihm seine Gattung, sein Wesen, nicht nur seine Individualität Gegenstand ist.“[86] Berücksichtigen wir daher die Einsicht von Herder und Humboldt, so bekommt die Erklärung von Feuerbach die folgende einfache Gestalt: Der Mensch ist ein vernünftiges Lebewesen, insofern einer sich in einem anderen erkennt.

Mit dem Sich-im-Anderen-Erkennen wird das zugleich Subjektsein und Objektsein der Menschen artikuliert. Diese Charakterisierung der Fähigkeit zur Vernunft gerät immer wieder in Gefahr, auf dem Wege einer fatalen Identifizierung der von einzelnen Menschen im Miteinanderreden getroffenen allgemeinen Bestimmungen über sich selbst mit dem Reden und Handeln, wodurch dieses geschieht, ihrer im Wortsinn ‘dialektischen’ Spannung beraubt zu werden. Natürlich nicht allein schon durch das Vertreten einer holistischen Po-

[82] Heintel 1960, S. 30.

[83] Humboldt 1820, S. 18; Humboldts Anthropologie im biographisch-genetischen Zusammenhang wird behandelt in Sauter 1989.

[84] Humboldt 1827, S. 139.

[85] Bolin / Jodl ²1960, VI, S. 1.

[86] A. a. O., S. 2.

sition, wird in ihr doch an die Stelle der Subjekt-Objekt-Differenz die Unterscheidung jeweils eines Zwischenstadiums im Prozeß der – u. a. durch den wissenschaftlichen Dialog vorangebrachten – Positionsentfaltung einerseits vom nur postulierten Endstadium dieses Prozesses andererseits gesetzt.

Sowohl im Zuge auf der einen Seite einer durchgehenden Objektivierung des Subjekts, sei es, wie wir gesehen haben, in Gestalt der *ratio* als einer *natura humana* in der Antike oder in Gestalt der *res cogitans* bei Descartes und der an ihn anschließenden Tradition, wie auf der anderen Seite einer grundsätzlichen Elimination des Subjekts aus dem Bereich des Gegenständlichen, sei es, indem ihm von Kant die Gestalt des bloß formalen transzendentalen Ich gegeben wird, oder indem es völlig als Bestandteil der Welt negiert wird, wie in diesem Jahrhundert von Ludwig Wittgenstein (1889–1951) mit der Erklärung: „Ich bin meine Welt. Das denkende, vorstellende, Subjekt gibt es nicht“[87], allemal wird so die Entdeckung der Vernunft als Quelle und dabei zugleich Inhalt der Selbstbestimmung des Menschen wieder verschüttet.

[87] Wittgenstein 1922, 5.63.

2. DER MENSCH ZUGLEICH MÄNGELWESEN UND FÄHIGKEITSWESEN

2.1 *Die biologische Art* homo sapiens

Nun war aber keine Zeit den Schwierigkeiten gegenüber völlig unempfindlich, die mit der Entdeckung der Vernunft deshalb verbunden sind, weil sie, anders als Entdeckungen sonst, den Entdekker als Entdecker in Mitleidenschaft zieht. Wir hatten uns den Kunstgriff des Aristoteles vergegenwärtigt, den vernünftigen Seelenteil für nur im Vollzug bestehend und deshalb für 'unsterblich' zu erklären, und ebenfalls die Strategie Kants, die *res cogitans* sowohl zu entsubstanzialisieren wie zu entindividuieren, damit sie mit keinem Gegenstand der Erfahrung mehr verwechselt werden kann. Aber das daraus schließlich abgeleitete Resultat, den Menschen für ein vernünftiges Lebewesen insofern zu halten, als einer sich in einem anderen erkennt – in traditioneller philosophischer Ausdrucksweise: sich als Fall eines Allgemeinen wissen –, ist, unabhängig von der am Ende des letzten Kapitels auseinandergesetzten systematischen Zweideutigkeit von ‹vernünftig› zwischen positiver und reflexiver Bestimmung, noch unscharf, solange wir die Art des Allgemeinen nicht kennen. Wer oder was alles gehört zu 'den Anderen', in denen ich mich – mit ihnen redend, mit ihnen handelnd – erkenne?

Die naheliegende Antwort, es seien 'die Menschen', alle Exemplare der biologischen Art *homo sapiens*, ist ersichtlich unbefriedigend, fordert sie doch sofort zu weiteren Erklärungen heraus: Sind die schon Gestorbenen und die noch Ungeborenen eingeschlossen? Wie kann ich jemanden, mit dem zu reden und zu handeln unmöglich ist, als meinesgleichen erkennen? Zwar stehen für die Vergangenheit, wenn schon nicht für die Zukunft, *Quellen* und *Überreste* zur Verfügung, die 'zum Reden' gebracht werden können, und seit schriftliche Zeugnisse grundsätzlich ununterbrochen bis heute tradiert und daher verständlich sind, gleichsam als stünde einem das letzte Glied einer Kette jeweils füreinander einspringender Gesprächspartner gegenüber, gibt es auch für diese Verstehensleistungen überlieferten Texten gegenüber eigene Traditionen, die sich in

Textinterpretationen niedergeschlagen haben und die wir in dieser Einführung, soweit es die philosophische Tradition betrifft, ständig in Anspruch nehmen. Aber jenseits dieser im engeren Sinn der Geschichte zugehörigen Zeit ist die Deutung der Quellen und Überreste als Spuren von Lebewesen, mit denen zusammenzuleben, wir und sie, gäbe es dazu die raumzeitliche Chance, hätten lernen können, eine nur von den Fachgelehrten unter den Zeitgenossen vorgetragene These, deren Bestätigung durch die Partner auf der anderen Seite niemals eingeholt werden kann. Eher noch müssen wir darauf gefaßt sein, daß in Zukunft sich ein, wenn vielleicht auch eingeschränktes, Reden und Handeln mit Lebewesen anderer, aber rezenter biologischer Arten, etwa Schimpansen[1] oder Delphinen[2], verwirklichen läßt und wir in ihnen dann auch uns, bisher unbekannte Aspekte von uns, erkennen.

Die *Quellen* gliedern sich in *schriftsprachliche* für den Bereich der *Geschichte* (seit ca. 4000 v. Chr.) und *bildsprachliche* für den Bereich der *jüngeren Vorgeschichte* (seit ca. 40000 v. Chr.); die *Überreste* wiederum lassen sich einteilen in *technische*, nämlich Werkzeuge und mit ihnen hergestellte Artefakte, für den Bereich der *älteren Vorgeschichte* (seit ca. 400000 v. Chr. zusammen mit Feuerbeherrschung, im übrigen als 'Geröllkultur' – aus Gesteinsknollen hergestellte scharfkantige Hau- und Schneidewerkzeuge – bis über 2 Millionen Jahre zurückreichend) und *fossile*, also Knochen und Skeletteile, besonders Schädel, für den Bereich der *Naturgeschichte* (seit ca. 4 Millionen Jahren Hominiden der Gattung 'Vormensch' [Australopithecus], vor ca. 40 Millionen Jahren Ausgliederung der Hominoiden [zu dieser Überfamilie der Menschenartigen gehören heute die Familien der Gibbons (Hylobatidae), der Menschenaffen (Pongidae) mit den Gattungen Pongo, Gorilla und Pan, und der Menschen (Hominidae) mit der einzigen Gattung Homo und der einzigen Art *homo sapiens*] innerhalb der zur Klasse der Säugetiere [Mammalia – umfaßt nur 0,5 % der ca. 1 Million Tierarten insgesamt] gehörenden Ordnung der Herrentiere [Primates]).

[1] Vgl. zu den Erfahrungen des Ehepaars Gardner mit der Schimpansin Washoe und denjenigen von Premack mit der Schimpansin Sarah die zusammenfassende Darstellung in Ploog 1972; eine breitere monographische Darstellung in Premack 1977.

[2] Vgl. die als *science-fiction* auftretenden, mit einem Vorwort C. F. von Weizsäckers versehenen Geschichten ›The Voice of the Dolphins‹ des Physikers Leo Szilard 1961.

Im übrigen muß angesichts der naturgeschichtlichen Evolution von *homo sapiens* aus methodischen Gründen offenbleiben, wie weit zurück in der Vergangenheit nach 'unsresgleichen' zu suchen überhaupt sinnvoll ist, es sei denn, man erklärt die Zeit des Übergangs von mittlerer zu jüngerer Altsteinzeit um 40000 v. Chr., die zugleich die ältere von der jüngeren Vorgeschichte trennt und geologisch in die jüngste Kaltzeit des Pleistozän, die Würmeiszeit, fällt, zum Anfang des Menschen im heutigen Sinn, weil seither keine wesentlichen osteologischen (am Skelett erkennbaren) Änderungen mehr aufgetreten sind.

In der Paläoanthropologie läßt man deshalb zu dieser Zeit den 'Jetztmenschen' oder *homo sapiens sapiens* beginnen, auch wenn Präsapiensformen, die möglicherweise als Ahnen sowohl des Jetztmenschen wie des aus bisher unbekannten Gründen um 40000 v. Chr. vom Jetztmenschen verdrängten 'Altmenschen' oder *homo sapiens neandertalensis* (benannt nach dem Ort des ersten, als fossile Überreste eines Menschen auch erkannten Fundes in den Feldhofer Grotten des Neandertals bei Düsseldorf 1856) in Frage kommen und bis in die Zeit des Aussterbens des 'Frühmenschen' oder *homo erectus* (ursprünglich nach einer Wortprägung Ernst Haeckels [1834–1919] von 1866[3] für das damals noch gesuchte und erst 1891/92 in Gestalt des 'Javamenschen' vom holländischen Naturforscher Eugène Dubois [1858–1940] erstmals auch gefundene Bindeglied 'zwischen Affe und Mensch' als ‹Affenmensch› oder ‹Pithecanthropus› bezeichnet) um 200000 v. Chr. zurückreichen, schon vor 40000 v. Chr. zu der erst seit dieser Zeit offenbar konkurrenzlos lebenden Gestalt des Jetztmenschen geführt haben. Dabei legen neuere Untersuchungen an Funden in Höhlen des Carmel (bei Haifa / Israel) nahe, daß mit einem Nebeneinanderleben von Neandertalmenschen und jüngeren Sapiensmenschen zwischen 90000 und 40000 v. Chr. zu rechnen ist.[4]

In zoologischer, für die Art Mensch normalerweise nicht angewendeter Terminologie hätten sowohl die ausgestorbenen, nach dem ersten Fundort von Skeletteilen in der Dordogne 1868 als Cro-Magnon-Menschen oder 'Cromagniden' bezeichneten Jetztmenschen – sie sind vermutlich die Schöpfer der ältesten überlieferten Höhlenmalereien – als auch die noch heute lebenden vier 'Großrassen' (durch erbstabile körperliche Merkmale ausgezeichnete Men-

[3] Haeckel 1866.
[4] Vgl. Stringer 1988.

schengruppen und nicht etwa Völker[5]), der Europiden, Negriden, Mongoliden und Australiden zusammen mit anderen Angehörigen von Urbevölkerungen im asiatischen Raum, z. B. den Wedda in Vorderindien, den Ainu in Japan, als Unterarten von *homo sapiens* – unter Ausschluß des möglicherweise als eigene Art, *homo neandertalensis*, zu behandelnden Altmenschen – zu gelten.

Unter vergleichender Berücksichtigung von vielen hundert Einzelmerkmalen fossiler Hominoiden, besonders des Schädels (mit Möglichkeiten, auf die Entwicklung des Gehirns zu schließen), des Gebisses (mit Schlüssen auf die Art der Ernährung) und des Beckens (mit den Folgen für das Wissen um die Fortbewegungsweise) – unter ca. 1000 Merkmalen der rezenten Gattungen haben je ca. $^1/_3$ Schimpanse und Mensch, Gorilla und Mensch, Orang-Utan und Mensch gemeinsam, ca. $^1/_3$ kommen nur beim Menschen vor, und ca. $^1/_{10}$ haben Gibbons und Mensch gemeinsam –, werden in der Paläoanthropologie sowohl nach Neufunden wie nach erneuter Untersuchung von Altfunden die Vorstellungen vom Stammbaum der Gattung Homo immer wieder einer kritischen Überprüfung unterzogen. Unstreitig ist die frühe Abspaltung der Familie der Hylobatidae vor ca. 30 Millionen Jahren in Afrika, während noch offen ist, ob die vier Gattungen Pongo, Gorilla, Pan und Homo, wie üblich, in die beiden Familien der Menschenaffen und der Menschen oder in eine ebenfalls frühzeitig, vor ca. 24 Millionen Jahren, abgespaltene Familie der künftigen Orang-Utans und einer aus den Vorfahren von Gorilla, Pan und Homo und eben nicht mehr von Pongo bestehenden Familie der 'Baumaffen' (Dryopithecidae) einzuteilen sind. Die zahlreichen, für einen lückenlosen Stammbaum aber wiederum längst nicht ausreichenden Funde aus dem Tertiär stellen vor schwierige Klassifikationsprobleme, und nur soviel scheint sicher, daß *proconsul africanus*, ein nicht wie die Menschenaffen als Hangler (Arme länger als Beine) ausgebildeter, sondern sowohl auf dem Boden als auch auf Bäumen lebender Baumaffe, vor ca. 20 Millionen Jahren mit vielen bereits an den Menschen erinnernden Merkmalen (z. B. opponierbarer Daumen, geringe Schnauzenbildung, keine Überaugenwülste und auch kein Knochenkamm auf dem Schädel als Ansatz der Kaumuskulatur) im Unterschied zu anderen Arten

[5] Vgl. die Definition bei Kretschmer 1972, S. 282; nach genetisch ermittelter Verwandtschaft ist die auch phänotypisch recht heterogene vierte Gruppe noch einmal dreifach zu gliedern, so daß man von sechs verschiedenen Genotypen des *homo sapiens sapiens* ausgehen muß, vgl. Diamond 1988.

oder Gattungen von Baumaffen am ehesten als Ahnherr der ersten, durch das Auftreten der morphologischen Kennzeichen für aufrechten Gang charakterisierten Hominiden in Frage kommt. Wie allerdings die Verbindungsglieder im einzelnen ausgesehen haben mögen, ist noch weithin spekulativ; insbesondere ist umstritten, ob die in die Zeit vor 10–15 Millionen Jahren gehörenden fossilen Reste von Baumaffen in Ostafrika, Vorder-, Süd- und Ostasien, die man in Gattungen Sivapithecus und Ramapithecus zusammengefaßt hat, zumindest teilweise bereits zu den Hominiden zu zählen sind. Vieles spricht dafür, daß Formen von Ramapithecus, die in Buschland und Savanne Ostafrikas und Vorderasiens lebten, als Ahnen des mit mindestens 3,5 Millionen Jahren derzeit ältesten anerkannten, in Äthiopien von D. Johanson geborgenen Hominidenfundes 'Lucy'[6] (ein zu 40 Prozent vollständiges weibliches Skelett) zu gelten haben; Lucy wird einer altertümlichen Art des Vormenschen zugerechnet – nach dem Fundort: *australopithecus afarensis* –, von der sowohl die Entwicklungslinien der beiden anderen, in einer Sackgasse der Evolution endenden Vormenschenarten A (*australopithecus africanus*) und P (*australopithecus robustus*; früher: Paranthropus) ausgehen, wie eine vor ca. 2,5 Millionen Jahren beginnende jüngere Entwicklungslinie, die, vermutlich unter sukzessiver Abspaltung der bereits zur Gattung Homo zählenden Arten *homo habilis* (vor 1,8 Millionen Jahren) und *homo erectus* (vor 800000 Jahren) schließlich zum *homo sapiens* (vor 200000 Jahren) führt.

Die primär morphologisch, also aufgrund fossiler Überreste, erschlossene Charakterisierung der Familie Hominidae durch aufrechten Gang steht mit der primär archäologisch, also aufgrund technischer Überreste, erschlossenen Charakterisierung der Gattung Homo durch Werkzeugherstellung mit Hilfe von Werkzeugen und ihre Tradition (i. e. Verfügen über 'sekundäre Werkzeuge') in einer offenkundigen Spannung, weil über den Zusammenhang von morphologischen und archäologischen Befunden, da einerseits naturwissenschaftlich und andererseits kulturwissenschaftlich erhoben, ohne über einen methodisch neutralen Standort zu verfügen, keine argumentationsfähige Aussage gemacht werden kann. Kein Wunder daher, daß die von L. Leakey 1964 aufgrund gemeinsamen Vorkommens mit Steinwerkzeugen vorgenommene Zuordnung eines ca. 1,8 Millionen Jahre alten Schädels und anderer Funde in der Olduvai-Schlucht Tansanias zu einer Menschenart *homo habilis*

[6] Johanson / Edey 1981.

noch immer mit einer Kennzeichnung als Vormenschenart *australopithecus habilis* konkurriert.

Die Tatsache, daß die für die Stammesgeschichte des Menschen entscheidende Gehirnentwicklung, insbesondere die sowohl mit räumlicher Vergrößerung wie mit Oberflächenvergrößerung verbundene Entfaltung und Differenzierung des Großhirns (Zerebralisation) der Entwicklung zum aufrechten Gang nachfolgt und nicht, wie man lange Zeit glaubte, vorausgeht, ist im Zusammenhang damit zu sehen, daß durch Zunahme der Faserverbindungen und damit der synaptischen Verbindungen zwischen den Neuronen auch ohne am Bau des Schädels ablesbare Veränderungen eine höhere Stufe in der Entwicklung der Gehirnfunktionen erreichbar ist.[7] So ist verständlich, daß während der ersten 3 Millionen Jahre aufrechten Ganges, also der Entwicklung neuer Funktionen für die vom Gebrauch zur Fortbewegung entlasteten Hände, gleichwohl keine erkennbare Vergrößerung des Gehirns einsetzt; es bleibt bei einem Hirnvolumen wie bei einem Gorilla, also in der Größenordnung von 500 cm^3. Erst in der Zeit um 500000 v. Chr., also in der Blütezeit von *homo erectus*, scheint relativ plötzlich eine von einer zusätzlichen Teilung der Großhirnrinde (Cortex) hervorgerufene Verdoppelung des Hirnvolumens auf Werte um 1000 cm^3 stattgefunden zu haben; die Verdreifachung des Hirnvolumens bei *homo sapiens* in der Zeit um 50000 v. Chr. auf die auch heute noch zutreffenden Werte um 1500 cm^3 soll nach einer zuerst von E. Dubois vertretenen, wenngleich umstrittenen 'Verdopplungstheorie'[8] auf einer erneuten Verdopplung der (im übrigen arttypischen) Anzahl der Großhirnzellen beruhen. Aber auch wenn die Einwände gegen ein so einfaches rein quantitatives Modell der Zerebralisation sich nicht entkräften lassen, bleibt die zwischen 500000 und 50000 v. Chr. anatomisch sichtbare Großhirnentwicklung auf der Grundlage des aufrechten Ganges und des Freiwerdens der Hände die für die Menschwerdung offenbar entscheidende natürlich-biologische Bedingung.

Auf der anderen Seite ist mit der die Angehörigen der Gattung Homo charakterisierenden Fähigkeit, Werkzeuge wiederum mit Hilfe von Werkzeugen statt allein mit Hilfe ihrer natürlichen Ausstattung, z. B. mit Händen oder mit Zähnen, herzustellen und dieses Können zu tradieren, wobei die Funktion der Werkzeuge sich nicht

[7] Vgl. Wezler 1972.

[8] Dubois 1930; vgl. zur Kritik Schaefer / Novak 1972.

auf Organprojektionen (Stock als Verlängerung des Arms, Schlagstein als Verstärkung der Faust) beschränkt, wie im Falle des Werkzeuggebrauchs auch der höchstentwickelten Primaten, ein soziokultureller Faktor für die Entwicklung *des* Menschen – der natürlich-biologischen Bedingung des aufrechten Ganges für die Entwicklung *zum* Menschen entsprechend – herausgestellt worden, insofern die Menschen auf diese Weise anfangen, sich vom Zwang der Anpassung an die natürliche Umwelt durch die Schaffung einer künstlichen Umwelt allmählich zu befreien. Der Beginn dieses Gedankengangs findet sich systematisch auseinandergesetzt schon 1907 bei Henri Bergson (1859–1941), wenn er im Einklang sowohl mit der neuzeitlichen Tradition als auch mit den ersten paläoanthropologischen Forschungsresultaten vorschlug, die Definition ‹homo sapiens› durch ‹homo faber› zu ersetzen, und diesen Vorschlag wie folgt begründete: «[L]'intelligence [...] est la faculté de fabriquer des objets artificiels, en particulier des outils à faire des outils, et d'en varier indéfiniment la fabrication»[9] [Intelligenz ist die Fähigkeit, Artefakte herzustellen, insbesondere Werkzeuge, um Werkzeuge zu machen, und deren Herstellungsweise unbegrenzt zu variieren.]

In unglücklicher, weil falsche Analogien auslösender, Terminologie nennt man diesen Prozeß, Konrad Lorenz (1903–1989) folgend, auch ‹Selbstdomestikation›[10]. Allerdings bleibt für mehr als 1 Million Jahre die Art der aufgefundenen Steinwerkzeuge nahezu unverändert, und erst mit der seit ca. 400000 v. Chr. belegten Beherrschung des Feuers, erstmals im Umkreis der Funde des 'Pekingmenschen' (*homo erectus pekinensis*; früher: Sinanthropus) beim Dorf Choukoutien westlich von Peking (neuerdings scheinen Funde in der südafrikanischen Swartkrans-Höhle westlich von Pretoria zur Rückdatierung der ersten Feuerbeherrschung bis in die Anfangszeit des *homo habilis* vor ca. 1,8 Millionen Jahren zu zwin-

[9] Bergson [52]1940, S. 140; ein gegenwärtiges Plädoyer für die Explikation von ‹sapiens› durch ‹faber› findet sich bei Harrison 1978; eine ausdrückliche Einbettung, indem der *homo loquens* aus dem *homo faber* sich entwickelnd vorgestellt wird – Linguistik auf Pragmatik zurückbeziehend –, nimmt der Piaget-Schüler Leo Apostel 1980 vor; dieselbe Einbettung im Rahmen der physischen Anthropologie bei Montagu 1983.

[10] Zur Kritik vgl. Remane 1972, bes. S. 317 ff.; ebenso, unter besonderem Hinweis darauf, daß es eine 'Wildform' des Menschen weder gibt noch gegeben hat, Gehlen 1961, Vierte Abhandlung ‹Das Bild des Menschen im Lichte der modernen Anthropologie›.

gen[11]), die zweifelsfrei auch erste Ansätze für institutionalisiertes Lehren und Lernen sowie anhand des Kontextes von Mahlzeitresten soziales Teilen (*sharing*) zeigen, setzt eine an größerer Vielfalt und damit einhergehender Funktionsdifferenzierung der Werkzeuge ablesbare Beschleunigung der Entwicklung ein. Da dies eine bewußte Aufteilung von Tätigkeiten , also 'Arbeitsteilung' impliziert, Lehren und Lernen von Herstellungsverfahren ebenso wie z. B. Jagen und Sammeln bei der Nahrungsbeschaffung, muß auch über Verfahren der Verständigung verfügt worden sein, die über angeborene, auf Reiz-Reaktions-Zusammenhängen und ihrer Verallgemeinerung in Auslösemechanismen bei Schlüsselreizen beruhenden Kommunikationsmöglichkeiten ('Signalsprachen') hinausgehen[12] und die es auch längst vor dem ersten bezeugten Einsatz bildsprachlicher Mittel um 40000 v. Chr. gab.

Es besteht ein auffälliger Zusammenhang der drei von der älteren Vorgeschichtsforschung herausgestellten Charakteristika (sekundäre Werkzeugherstellung, soziales Teilen, gegenseitiges Sichverständigen) mit der schon erwähnten aristotelischen Einteilung der Wissenschaften in poietische, praktische und theoretische, dessen Gründen bislang nicht nachgegangen wurde, zumal immer noch Gesichtspunkte fehlen, die es erlauben, diese Bestimmungen mit den entsprechenden biologischen des aufrechten Ganges, der freien Verwendung der Hände und der Zerebralisation in eine tragfähige Beziehung zu setzen.

Die mehr oder weniger ausgeprägte Ähnlichkeit, nämlich Übereinstimmung in funktionalen oder morphologischen Eigenschaften, zwischen Menschen und anderen Lebewesen gehört zum tradierten Wissen aller bekannten Kulturen. Es erscheint bereits am Anfang bildsprachlicher Überlieferung, in den nahezu ausschließlich Tiere oder Menschen mit Tierattributen, auch Tier-Mensch-Mischwesen, darstellenden Höhlenmalereien des Cro-Magnon-Menschen und setzt sich in den bis in die Hochreligionen und den Sagen-und Märchenschatz aller Völker reichenden 'animalistischen' Vorstellungen von Tieren als Schutzgeistern, 'Göttern' oder Verkörperungen eines 'zweiten Ich' fort; es hat in geschichtlicher Zeit seinen festen Platz im Mythos von der Seelenwanderung bekommen, etwa wenn in der im alten Indien, in den Upaniṣaden, entwickelten Lehre vom Kreis-

[11] Vgl. Brain / Sillen 1988.

[12] Vgl. zu den Verfahren der Ermittlung angeborenen Verhaltens die Studien in Konrad Lorenz 1965.

lauf der Wiedergeburten (*saṃsāra*), dem jede unerlöste Einzelseele unterworfen ist, auch mit Verkörperungen in Tiergestalt bei einer Wiedergeburt ganz selbstverständlich zu rechnen ist, und es steht ebenso im Hintergrund der bei vielen Völkern auftretenden Institution des Totemismus, einer mit entsprechenden Verhaltensregelungen gekoppelten Zuordnung bestimmter Tierarten zu bestimmten Sippen.

Statt daher die Antwort auf die Frage nach dem Bereich der 'Anderen', in denen ich meinesgleichen erkenne, von den empirischen Wissenschaften vom Menschen zu erwarten, also den natürlich-biologischen Charakteristika, wie sie die Disziplinen der physischen Anthropologie bereitstellen, zu folgen oder den auf eigentümliche, nämlich unaufgeklärte Weise ihnen entsprechenden soziokulturellen Charakteristika, die für die Disziplinen der Kultur-Anthropologie den Leitfaden bilden, ist es für eine reflexiv verfahrende philosophische Anthropologie unerläßlich, zunächst nach den Selbstcharakterisierungen von Menschen zu fragen, soweit sie sich 'synchron' (d.i. im zeitlichen Querschnitt) aus dem Umgang mit Angehörigen verschiedener Kulturen und 'diachron' (d.i. im zeitlichen Längsschnitt) aus den verfügbaren schriftsprachlichen Quellen ermitteln lassen; nicht 'primäre', auf systematisch-logisch begründete Zuschreibungen der Forscher beruhende Resultate der Kulturwissenschaften zählen hier, sondern 'sekundäre', Selbstzuschreibungen ermittelnde Resultate. Allerdings ist auch in diesem Fall noch zu unterscheiden zwischen einer aufgrund historisch-hermeneutischer Methode zustandegekommenen 'Feststellung' dessen, was andere von sich und ihrer Situation sagen – Beschreibung eines (fremden) Selbst- und Weltverständnisses –, und einer zugleich die Orientierung des Forschers mitbestimmenden 'Nachzeichnung' eines schlüssigen Weges zu einer in gewissen Zügen übereinstimmenden Auffassung – Erzeugung eines (partiell) gemeinsamen Selbst- und Weltverständnisses.

So erst wird reflexive Anthropologie zugleich zum Anfang der Philosophie im ganzen und bleibt keine 'aparte' philosophische Disziplin. Im Prozeß der nur beim Versuch einer Vereinigung systematischer, auf Sachen bezogener, und historischer, an Personen gebundener, Verfahrensweisen möglichen Genese von Kernen gemeinsamer und als gemeinsam auch begriffener Situationen, einer teilweisen Gegenstands- und Sprachgemeinschaft, bleibt insbesondere die für die anthropologischen Disziplinen so zentrale ‹Natur-Kultur›-Unterscheidung mit der Konsequenz zweier verschiedener

Typen von Wissenschaften kein bloß hinzunehmendes Faktum, sie wird vielmehr selbst zum Instrument der Selbstbesinnung, wie wir es am Beispiel der antiken Diskussion im ersten Kapitel in Ansätzen bereits gesehen haben.

2.2 *Naturzustand und Kulturprozeß*

Kehren wir zurück zum ersten Schritt auf diesem Wege, so lautet die Auskunft insbesondere der Ethnologie und der Linguistik, daß die zur Selbstcharakterisierung eingesetzten Ausdrücke ursprünglich gruppenspezifisch verwendet worden waren und sich grundsätzlich nicht auf die Angehörigen von Fremdgruppen erstreckten, was eine Erklärung für das sprachhistorisch späte Auftreten der Bezeichnung ‹Mensch› beziehungsweise ihrer Synonyme in anderen Sprachen, als Bezeichnung für alle Angehörigen der Spezies *homo sapiens*, bildet.

Die Diskussion um den darin sich spiegelnden 'Ethnozentrismus', nämlich die eigene Volksgruppe (Ethnie) und ihr Verhalten allein als Orientierungsrahmen anzusehen, ist schon in der griechischen Antike unter dem Titel ‹Hellenen contra Barbaren›[13] ausführlich und heftig geführt worden, wenn die Barbaren (griech.: ὁ βάρβαρος, der 'Ausländer', speziell: der Perser; Grundbedeutung: der unverständlich Stammelnde) von den einen als roh und ungebildet verachtet und von den anderen als ursprünglich und edel gepriesen werden. So empfahl zum Beispiel noch Aristoteles, allerdings erfolglos, Alexander dem Großen, dessen Erzieher er gewesen war, während seiner Eroberungszüge den Hellenen ein Führer zu sein, gegenüber den Barbaren aber, als seien sie Pflanzen oder Tiere, despotisch aufzutreten.[14] Einer der ersten Reiseschriftsteller, Herodot (ca. 480–424 v. Chr.), hingegen lobt viele der von ihm beschriebenen fremden Völker ihrer Einfachheit und Natürlichkeit wegen, die den Griechen verlorengegangen seien; er vermerkt ausdrücklich,[15] daß auch die Ägypter alle, die nicht ihre Sprache sprechen, ‹Barbaren› nennen.

[13] Vgl. die Darstellung in Jüthner 1923; zur modernen Forschung über Ethnozentrismus eine Übersicht in Campbell / LeVine 1965; zur Theorie seiner biologischen Verankerung vgl. Reynolds / Falger / Vine 1987.

[14] Im nur fragmentarisch überlieferten Dialog ›Alexander‹ 1489b 27–31.

[15] Im zweiten Buch von Herodot, c. 158; vgl. Godley 1920–1925, I, S. 472 f.

Für die philosophische Tradition nun wurde entscheidend, daß die antike Debatte um Nomos und Physis, von der im ersten Kapitel die Rede war, von der neuen Unterscheidung des Eigenen vom Fremden, sowohl im Sinne von griechisch gebildet versus barbarisch roh – bei Isokrates (436–338 v. Chr.) schon bezieht sich beides auf ein für eine Kultur charakteristisches Können und nicht auf eine durch natürliche Abstammung definierte Volkszugehörigkeit[16] – als auch im Sinne von überzüchtet und in Konventionen erstarrt versus ursprünglich und von schlichter Lebensführung geprägt, zum Beispiel in der provozierenden Kulturkritik der Kyniker,[17] überlagert wurde. Das Eigene und das Fremde werden zu Paradigmata für das Selbsterzeugte und das Von-selbst-Entstandene mit der Folge, daß es einen Weg erfindend zu finden gilt, der von einem ursprünglichen, in mythischer Zeit bestehenden 'Naturzustand' aus an einem in historischer Zeit ablaufenden 'Kulturprozeß' entlangführt.[18]

Natürlich ist dieser Naturzustand sowohl als 'goldenes Zeitalter' (*aetas aurea*; Rousseau, wie vor ihm unter diesem Titel Ovid[19]) vor dem Verfall – im biblischen Mythos als 'Paradies' – beschrieben worden wie auch als 'Krieg aller gegen alle' (*bellum omnium contra omnes*; Hobbes, ähnlich vor ihm schon Heraklit[20]), ehe ein Gesellschaftsvertrag ihn beendet – im Kulturentstehungsmythos des Protagoras als Zustand technischen, aber noch nicht politischen Könnens.[21] Im Hintergrund stehen die mit der Differenz ‹von Natur gut

[16] Panegyrikos 50; vgl. Mathieu / Brémond 1928–1962, II, S. 26.

[17] Vgl. Niehues-Pröbsting 1979.

[18] Empirisch gewendet z. B. bei Poseidonios (ca. 135–51 v. Chr.), einem hellenisierten Syrer, wenn er die Wanderungen von im Norden lebenden, vom θυμός (Trieb, Affekt) beherrschten, 'Natur'-Völkern nach Süden, ins Gebiet der vom λόγος (Vernunft, Überlegung) regierten hellenisierten Völker als Zivilisierung beschreibt; vgl. Reinhardt 1921. Der Gegensatz von Eigenem und Fremdem darf nicht mit dem in der Antike ebenfalls im Zusammenhang der Nomos-Physis-Unterscheidung erörterten Gegensatz von Privat-Eigentümlichem (ἴδιον) und Öffentlich-Gemeinsamem (κοινόν) verwechselt werden, zumal gerade der öffentliche und nicht der private Bereich der vom Nomos und damit von der Vernunft geprägte ist.

[19] Im Rahmen der Schilderung einer griechischen, auch schon in Hesiods ›Werke und Tage‹ vorkommenden Sage, in den ›Metamorphosen‹ I, 89–150.

[20] Im Zusammenhang der Fragmente um den Widerstreit als Grundlage dessen, was entsteht und vergeht, insbes. VS 22, B 53 und B 80; vgl. Schadewaldt 1978, S. 351–433.

[21] Vgl. Platon, Prot. 320c8–323c2; da das technische Können bei Platon-Protagoras den sprachlich vermittelten 'politischen' Tugenden (ἀρεταί),

– von Natur böse› verbundenen, noch gegenwärtig, etwa in der Auseinandersetzung um ein kapitalistisches oder sozialistisches Wirtschaftssystem, wirksamen Annahmen über einen 'naturgegebenen' Vorrang kooperativer vor kompetitiver Lebensweise oder umgekehrt. Derselbe Gegensatz durchzieht auch den Streit in der Anfangszeit der Diskussion innerhalb des Darwinismus, zwischen Thomas Henry Huxley (1825–1895) und Peter Kropotkin (1842–1921), um die Rolle von Kompetition und Kooperation im 'Kampf ums Dasein' und die daraus vermeintlich herleitbare Unabhängigkeit oder Abhängigkeit moralischer Normen von den Gesetzen der Evolution.[22]

Diese einfache Alternative wird nun von Herder vermieden: Er betont gegen Rousseau und mit Hobbes, daß schon im Naturzustand der Mensch ein gemeinschaftbildendes Wesen ist,[23] während er gegen Hobbes und mit Rousseau auseinandersetzt, daß nur von einem grundsätzlich friedlichen Naturzustand aus der Weg als ein auch Krieg bis Revolution einschließender Kulturprozeß offensteht. Auf diese Weise entgeht Herder der Konsequenz, den Kulturprozeß zwar als Fortschritt in Kunst und Wissenschaft, aber um den Preis eines Verfalls der Sitten nach dem von Rousseau in seiner ersten

insbesondere Gerechtigkeit (δικαιοσύνη) und Besonnenheit (σωφροσύνη), gegenübersteht, handelt es sich bei dieser, in der späteren aristotelischen Terminologie durch ‹poietisch–praktisch› ausgedrückten Gegenüberstellung um annähernd denselben Unterschied, der bei Habermas als Unterschied zwischen den Fähigkeiten zu erfolgsorientiertem 'zweckrationalen' und zu verständigungsorientiertem 'kommunikativen' Handeln auftritt, vgl. Habermas 1981, Bd. I, Kap. III, bes. S. 384ff.; über die generell in der Sophistik diskutierte Rolle des Könnens, der τέχναι, die natürliche Unterlegenheit der Menschen zu kompensieren, unterrichtet Heinimann 1961.

22 Vgl. Huxley 1893 und Kropotkin 1902 sowie dazu den kritischen Kommentar von Vogel 1988; die ausgedehnte, auf Anwendungen der Spieltheorie beruhende Diskussion um Kooperation (Herstellung gemeinsamer Interessen) als Antwort auf kollektive Entscheidungssituationen, in denen Kompetition (Verfolgen von Eigeninteressen) zu schlechteren Lösungen für jeden Beteiligten führt – vgl. z. B. Axelrod 1985 –, wird kritisch untersucht von Hegselmann 1988.

23 Seine Erklärung „Der Mensch ist in seiner Bestimmung ein Geschöpf der Herde, der Gesellschaft: die Fortbildung einer Sprache wird ihm also natürlich, wesentlich, notwendig" (Abhandlung über den Ursprung der Sprache, Heintel 1960, S. 67) zeigt indes, daß auch er dabei die wichtige, von Hannah Arendt – vgl. 1. Kap. S. 31 – auseinandergesetzte Unterscheidung zwischen ‹gemeinschaftbildend› und ‹gesellschaftlich› nicht beachtet.

Streitschrift aufgestellten historischen Gesetz[24] beschreiben zu müssen, und ebenso, dem Hobbesschen Zirkel von Subjekten, die zum Abschluß eines Gesellschaftsvertrags zwar fähig sein müssen, durch ihn aber erst zu Subjekten werden können, ausgeliefert zu bleiben. So gelingt ihm der Anschluß an eine, besonders mit der Person des gerade genannten Sophisten Protagoras verbundene, antike Einsicht, daß der Mensch sowohl durch seine Mängel – ungeschützt (vor den Unbilden der Natur) und unbewaffnet (gegenüber den Angriffen der Tiere); bei Herder: instinktlos und ohne angeborne Kunstfähigkeiten[25] – wie durch seine Fähigkeiten – poietische (zur natürlichen Lebensfristung) und praktische (zur vernünftigen Lebensführung); bei Herder: Freiheit und Vernunft[26] – charakterisiert werden sollte, ein in der Gegenwart wegen der von Arnold Gehlen (1904–1976) im Rückgriff auf Herder[27] herausgestellten Bestimmung allein des 'Mängelwesens' Mensch nicht hinreichend beachtetes Sowohl-Als-auch.[28]

Allerdings ist es wichtig, sich klarzumachen, daß Herder damit, daß er die antike Unterscheidung zwischen technischen (poietischen) und politischen (praktischen) Fähigkeiten durch die Unterscheidung zwischen Freiheit und Vernunft ersetzt, zugleich eine Verschiebung vorgenommen hat, mit der er einerseits dem in der

[24] Angeregt vom Paradoxon der Bienenfabel des holländischen Arztes und Publizisten Bernard Mandeville (1670–1733): The Fable of the Bees: Or, Private Vices, Publick Benefits. Containing Several Discourses, to demonstrate, That Human frailties, during the degeneracy of Mankind, may be turn'd to the Advantage of the Civil Society, and made to supply the Place of Moral Virtues, London 1714; dt. Mandeville 1968.

[25] Vgl. ›Abhandlung über den Ursprung der Sprache‹, Heintel 1960, S. 15.

[26] „[E]s ist die einzige positive Kraft des Denkens, die mit einer gewissen Organisation des Körpers verbunden bei den Menschen so Vernunft heißt, wie sie bei den Tieren Kunstfähigkeit wird, die bei ihm Freiheit heißt und bei den Tieren Instinkt wird.“ A. a. O., S. 30.

[27] Im 9. Kapitel ‹Tier und Umwelt. Herder als Vorgänger› seines anthropologischen Hauptwerks ›Der Mensch. Seine Natur und seine Stellung in der Welt‹ (1940).

[28] Zu den Ausnahmen zählt der Anthropologe Clyde Kluckhohn, wenn er erklärt: “A culture is not only a reticulum of patterned means for satisfying needs, but equally a network of stylized goals for individual and group achievement.” [Eine Kultur ist nicht nur ein Netz voller gegliederter Hilfsmittel zur Bedürfnisbefriedigung, sondern zugleich ein Gewebe stilisierter Ziele für das, was Individuen und Gruppen zustandebringen.] Kluckhohn 1962, S. 68.

philosophischen Tradition immer wieder sichtbar gewordenen Mißverständnis, ‹vernünftig› für eine bloß positive Bestimmung des Menschen zu halten, begegnen will, und andererseits gleichwohl dabei gegen die von Kant gegebene Antwort, ‹vernünftig› als reflexive Bestimmung lasse sich nur in Reflexionen auf die Bedingungen der Möglichkeit von Erkenntnis verwirklichen, zu Felde zieht, indem er darauf aufmerksam macht, daß auch Vernunft erst erworben und dabei Freiheit mit den Sinnen eingeübt wird.[29]

Aus dem Kontext der Unterscheidung von Freiheit und Vernunft in der ›Abhandlung über den Ursprung der Sprache‹[30] geht hervor, daß sie bei ihm mit der Zweiteilung der menschlichen Kräfte in wollende und erkennende korrespondiert und daher statt auf die Unterscheidung ‹poietisch–praktisch› auf die Unterscheidung ‹praktisch–theoretisch› in der aristotelischen Dreiteilung der Wissenschaften in poietische, praktische und theoretische zu beziehen ist. Dieser veränderte Bezug wird nötig, weil im klassischen antiken Verständnis die technischen Fähigkeiten als bloß individuelle gerade noch nicht durch 'Vernunft' charakterisiert sind, im Unterschied zu den politischen Fähigkeiten, wie wir es an der Gleichwertigkeit der Bestimmungen ‹animal rationale› und ‹animal sociale› bereits ablesen konnten. Zugleich aber gehört es zur Pointe von Herders Wiederanknüpfung, dabei deutlich gemacht zu haben, daß man schon für die Entfaltung der technischen Fähigkeiten über Vernunft und auch bei der Ausbildung der politischen Fähigkeiten über freie Kräfte verfügen muß. Der Bereich der Poiesis, genetisch betrachtet, macht nur zusammen mit Überlegungen Selbstbestimmung der Individuen aus; ebenso ist der Bereich der Praxis, achtet man auf seine Entfaltung, nur zusammen mit Fertigkeiten ein Weg der Selbstbestimmung der Gattung.

In einer die Tradition der positiven Auszeichnung des Menschen vor den übrigen Lebewesen durch Herrschaft der Vernunft ständig begleitenden Tradition seiner negativen Auszeichnung durch natürliche Schwäche hat es sich eingebürgert, die Fähigkeiten des Menschen allein als Kompensation für seine Mängel aufzufassen, eine nahezu zwangsläufige Folge der das Verständnis von der Zwischen-

[29] Vgl. dazu besonders den Anfang von Herders ›Verstand und Erfahrung, Vernunft und Sprache. Eine Metakritik zur Kritik der reinen Vernunft‹ von 1799, insbes. das Ende des 1. Kapitels, wo er dazu auffordert, den Weg zurück zum „Ursprung ihres [lies: der Vernunft] Besitzes“ zu gehen.

[30] Vgl. Anm. 26.

stellung des Menschen begleitenden Mißverständnisse, wie wir sie im ersten Kapitel behandelt haben. Der den Naturzustand aufhebende Kulturprozeß wird dann als Aufstieg von einem durch naturale Mängel charakterisierten Zustand zu einem diese Mängel durch Ausbildung kulturaler Fähigkeiten beseitigenden Zustand beschrieben; die Fähigkeit zur Kultur gilt als 'zweite Natur', als eine ebenfalls natürliche Anlage, die, anders als bei den übrigen Lebewesen, sich nicht 'von selbst' bei jedem Individuum entfaltet, sondern in einem die ganze Gattung umspannenden Entwicklungsprozeß zu Fertigkeiten erst ausgebildet werden muß.

Herder ist dieser einseitigen, insbesondere Gehlens Anthropologie durchweg bestimmenden Naturalisierung des Kulturprozesses nicht erlegen, hat er ihn doch durch einen Lehr- und Lernprozeß beschrieben, in dem Selbsttätigkeit („organische Kräfte") und Geprägtwerden („Tradition") einander bedingen:

Der Mensch ist [...] eine künstliche Maschine, zwar mit genetischer Disposition und einer Fülle von Leben begabt, aber die Maschine spielet sich nicht selbst, und auch der fähigste Mensch muß lernen, wie er sie spiele. Die Vernunft ist [...] eine Summe der Erziehung unsers Geschlechtes, die, nach gegebenen fremden Vorbildern, der Erzogne zuletzt als ein fremder Künstler an sich vollendet. Hier also liegt das Principium zur Geschichte der Menschheit, ohne welches es keine solche Geschichte gäbe. Empfinge der Mensch alles aus sich, und entwickelte es, abgetrennt von äußern Gegenständen: so wäre zwar eine Geschichte *des* Menschen, aber nicht *der* Menschen, nicht ihres ganzen Geschlechts möglich. Da nun aber unser specifischer Charakter eben darinn liegt, daß wir, beinahe ohne Instinkt gebohren, nur durch eine lebenslange Übung zur Menschheit gebildet werden, und sowohl die Perfectibilität, als die Corruptibilität unsres Geschlechts hierauf beruhet: so wird eben damit auch die Geschichte der Menschheit [...] eine Kette der Geselligkeit und bildenden Tradition vom ersten bis zum letzten Gliede. Es giebt also eine Erziehung des Menschengeschlechts; eben weil jeder Mensch nur durch Erziehung ein Mensch wird, und das ganze Geschlecht nicht anders als in dieser Kette von Individuen lebt [...] kein einzelner von uns ist durch sich selbst Mensch worden. Das ganze Gebilde der Humanität in ihm hängt durch eine geistige Genesis, die Erziehung, mit seinen Eltern, Lehrern, Freunden, mit allen Umständen im Laufe seines Lebens [...] mit der ganzen Kette des Geschlechts zusammen [...]. [D]ie Principien dieser Philosophie [lies: der Geschichte des Menschengeschlechts] heißen *Tradition und organische Kräfte* [...]. Wollen wir diese zweite Genesis des Menschen, die sein ganzes Leben durchgeht, von der Bearbeitung des Ackers *Cultur*, oder vom Bilde des Lichts *Aufklärung* nennen: so stehet uns der Name frei; die Kette der Cultur und Aufklärung reicht aber sodann bis ans Ende der Erde [...]. Der Unterschied zwischen aufgeklärten und unaufgeklärten, zwischen cultivierten und uncultivierten Völkern ist also nicht specifisch, sondern nur gradweise [...]. Was also jeder Mensch ist und seyn kann, das muß Zweck des Menschengeschlechts seyn; und was ist dies? Humanität und Glückseligkeit auf dieser Stelle, in diesem Grade, als dies und kein anderes Glied der Kette von Bildung, die durchs ganze Geschlecht reichet [...]. [D]ies von der Gottheit gewählte Mittel [zeigt] die Unvollkommenheit unsres irdischen Daseyns, indem wir eigentlich Menschen noch nicht *sind*, sondern täglich *werden*. Was ist's für ein armes Geschöpf, das nichts aus sich selbst hat, das alles durch Vorbild, Lehre, Übung bekommt [...]. Man sehe, wenn man auf seyne Vernunft stolz ist, den Spielraum seiner Mitbrüder an auf der weiten Erde [...]. Welche Unmenschlichkeit gäbe es, zu der sich nicht ein Mensch, eine Nation, ja oft eine Reihe von Nationen gewöhnen konnte [...]. Alle Laster und Gräuelthaten erschöpfen sich in der Geschichte, bis endlich hie und da eine edlere Form menschlicher Gedanken und Tugenden erscheint."[31]

Da im Erziehungsprozeß der Bereich der Kultur als das vom Menschen Hervorgebrachte jeweils auf Lehrende und Lernende aufgeteilt erscheint und jeder einzelne Mensch grundsätzlich beide Rollen spielt, er in allen Fertigkeiten von einem Traditionszusammenhang abhängig ist, der förderlich wie hinderlich auftreten kann, braucht Herder tatsächlich nicht der von Kulturkritikern zu verschiedenen Zeiten und in verschiedenen Räumen – neben Rousseau als einflußreichstem Kritiker der klassischen französischen Tradition im 18. Jahrhundert steht Friedrich Nietzsche (1844–1900) als ebenso einflußreicher Kritiker der klassischen deutschen Tradition im 19. Jahrhundert – vorgetragenen Gegenthese zu widersprechen, daß der Kulturprozeß angemessener als ein Abstieg zu beschreiben sei, nämlich vom Zustand für ein gutes Leben zweckdienlicher Ausstattung zu einem Zustand von der Kultur hervorgebrachter und in diesem Sinne selbstverschuldeter Mängel. Rousseaus dem Herderschen ‹Mängelwesen› so verwandt klingende Bezeichnung ‹animal dépravé› für den Menschen ist genauso wie Nietzsches Erklärung, der Mensch sei ‹das kranke Tier›, gerade keine auf Mängel der natürlichen Ausstattung bezogene Charakterisierung, beide fassen vielmehr zusammen, was an Unzulänglichkeiten sich einstellt, wenn 'herrschsüchtiges' (Rousseau) oder 'unterwürfiges' (Nietzsche) Denken den Einsatz der natürlichen Ressourcen eines

[31] Zitiert aus dem 1. Kapitel ‹So gern der Mensch alles aus sich selbst hervorzubringen wähnet; so sehr hanget er doch in der Entwicklung seiner Fähigkeiten von andren ab› des Neunten Buchs der ›Ideen zur Geschichte der Menschheit‹ (Zweiter Teil, 1785).

Menschen – er ist nämlich von Natur gutwillig (Rousseau) und unschuldig (Nietzsche) – verdrängt.

Die von Rousseau verwendete Bezeichnung erscheint im Zusammenhang seines Votums für das ‘sacrificium intellectus’ im ›Discours sur l’inégalité‹, und zwar in pointierter Entgegensetzung zum ‘Terror der Vernunft’, wie ihn Denis Diderot (1713–1784) im letzten Satz seines im selben Jahr (1755) erschienenen Artikels ›Droit naturel‹ aus dem 5. Band der großen Encyclopédie vertritt. Unter der von Rousseau angenommenen Voraussetzung, daß die Natur uns durch ein einfaches, gleichförmiges und einsames Leben zum Gesundsein bestimmt habe, gelte nämlich, «que l’état de réflexion est un état contre nature, et que l’homme qui médite est un animal dépravé»[32] [daß der Zustand der Reflexion wider die Natur ist und daß ein Mensch, der nachdenkt, ein verkommenes Tier ist]. Diderot hingegen hatte erklärt: «[Q]ui ne veut pas raisonner, renonçant à la qualité d’homme, doit être traité comme un être dénaturé»[33] [wer nicht vernünftig denken will, muß, insofern er dadurch darauf verzichtet, Mensch zu sein, als entartetes Wesen behandelt werden].

Nietzsches Erklärung wiederum steht in der 3. Abhandlung ‹Was bedeuten asketische Ideale?›, Kap. 13, der 1887 fertiggestellten Streitschrift ›Zur Genealogie der Moral‹ im folgenden Kontext:

> [D]as asketische Ideal ist ein Kunstgriff in der *Erhaltung* des Lebens. Daß dasselbe in dem Maaße, wie die Geschichte es lehrt, über den Menschen walten und mächtig werden konnte, in Sonderheit überall dort, wo die Civilisation und Zähmung des Menschen durchgesetzt wurde, darin drückt sich eine große Thatsache aus: die *Krankhaftigkeit* im bisherigen Typus des Menschen, zum Mindesten des zahm gemachten Menschen [...]. Woran sie hängt, jene Krankhaftigkeit? Denn der Mensch ist kränker, unsicherer, wechselnder, unfestgestellter als irgendein Thier sonst, daran ist kein Zweifel – er ist *das* kranke Thier.[34]

Die gestellte Frage beantwortet er anschließend mit dem Verweis darauf, daß der Mensch der Ewig-Zukünftige ist, derjenige, dem seine Zukunft Stachel in der Gegenwart ist. Unter den zahlreichen Textstellen mit demselben Gedankengang ist die Darstellung der ‘Umwertung’ des Menschen – ihn nicht ‘von oben’, durch ‘gott-

[32] Discours sur l’inégalité, Weigand 1955, S. 98.

[33] Encyclopédie ou Dictionnaire raisonné des sciences, des arts et des métiers, I–XXXV, Paris u. a. 1751–1780; dt. Übers. ausgewählter, von Diderot verfaßter Artikel der Encyclopédie in Lücke 1961, darunter ‹Naturrecht› in Bd. I, S. 378–382.

[34] NSW V, S. 366 f.

gleich', sondern 'von unten', durch 'tiergleich', zu bestimmen – im 14. Kapitel der nachgelassenen Schrift ›Der Antichrist. Fluch auf das Christentum‹, anthropologisch gesehen, besonders prägnant:

Wir haben umgelernt. Wir sind in allen Stücken bescheidner geworden. Wir leiten den Menschen nicht mehr vom 'Geist', von der 'Gottheit' ab, wir haben ihn unter die Thiere zurückgestellt. Er gilt uns als das stärkste Thier, weil er das listigste ist: eine Folge davon ist seine Geistigkeit. Wir wehren uns anderseits gegen eine Eitelkeit, die auch hier wieder laut werden möchte: wie als ob der Mensch die große Hinterabsicht der thierischen Entwicklung gewesen sei. Er ist durchaus keine Krone der Schöpfung, jedes Wesen ist, neben ihm, auf einer gleichen Stufe der Vollkommenheit [...]. Und indem wir das behaupten, behaupten wir noch zu viel: der Mensch ist, relativ genommen, das mißrathenste Thier, das krankhafteste, das von seinen Instinkten am gefährlichsten abgeirrte – freilich, mit alledem auch das *interessanteste*! [...]. Ehemals sah man im Bewußtsein des Menschen, im 'Geist', den Beweis seiner höheren Abkunft, seiner Göttlichkeit; um den Menschen zu *vollenden*, rieth man ihm an, nach der Art der Schildkröte, die Sinne in sich hineinzuziehn, den Verkehr mit dem Irdischen einzustellen, die sterbliche Hülle abzuthun: dann blieb die Hauptsache von ihm zurück, der 'reine Geist'. Wir haben uns auch hierüber besser besonnen: das Bewußtwerden, der 'Geist', gilt uns gerade als Symptom einer relativen Unvollkommenheit des Organismus, als ein Versuchen, Tasten, Fehlgreifen, als eine Mühsal, bei der unnöthig viel Nervenkraft verbraucht wird, – wir leugnen, daß irgend Etwas vollkommen gemacht werden kann, so lange es noch bewußt gemacht wird.[35]

Herder scheint der erste gewesen zu sein, dem der begriffliche Zusammenhang beider Bestimmungen des Menschen, als Mängelwesen und als Fähigkeitswesen, im Unterschied zu einem empirischen Zusammenhang durch Kompensation deutlich geworden ist, vermutlich deshalb, weil es dazu der Einsicht bedurfte, daß Selbstbesinnung nur im Dialog gelingen kann, auf Abgrenzung *und* Verbundenheit angewiesen ist.

Was in verkürzter Form bei Herder mit der Erklärung, daß Tradition die Natur des Menschen ausmache, ausgedrückt wird, eben um die Ausstattung des Menschen mit für ihn charakteristischen Eigenschaften als bloße Fähigkeit zur Ausbildung von dergleichen Eigenschaften in einem Lehr- und Lernprozeß hervorzuheben, bindet daher nicht nur den historischen und den sozialen Aspekt der Kultur im Begriff der Tradition zusammen, sondern weist zugleich auf die damit vollzogene Entdeckung einer eigenen, in jedem Individuum

[35] NSW VI, S. 180f.

auf für ihn charakteristische Weise ausgebildeten 'humanen Natur' hin. Wenn dabei von einer 'humanen' Natur die Rede ist, so hat das nichts mit Friedfertigkeit oder anderen, an der Übereinstimmung mit (oder an der Abweichung von) bereits vorliegenden Normen oder auch nur Verhaltensregeln oder 'Geboten' orientierten Beschreibungen zu tun, eben weil der kulturale Aspekt hier nicht am entdeckten Gegenstand erscheint, sondern im Prozeß der Entdekkung selber steckt. In einer weniger verkürzten Redeweise, die wir schon kennengelernt haben, sind es denn auch Tradition *und* organische Kräfte, die Vernunft, nämlich als Vermögen zu *steuern* ('Organisation'), ausmachen, ebenso wie Freiheit, nämlich als Vermögen *hervorzubringen* ('Produktion'), in Besonnenheit *und* Übung der Sinne sich zeigt.[36]

Und immer, wenn ich den kulturalen Aspekt, das Selbsterzeugtsein, mit meinem Gegenüber statt mit mir selbst – die Besonderheit, daß ich auch mir selbst gegenüberstehen kann, wird zusammen mit ihren Folgen im nächsten Kapitel erörtert – verbinde, geht er in den naturalen Aspekt des Von-selbst-entstanden-Seins über, wird er als 'mein' Mangel und nicht als 'meine' Fähigkeit erfahren. Am Gegenüber, dem Anderen unter Einschluß der Situation, werde ich dessen inne, was ich *brauche* (um mich zu behaupten, insbesondere um zu überleben), im eigenen lebendigen Vollzug bemerke ich, daß ich etwas *kann* (und noch mehr sich entdecken läßt, ganz allgemein: zu leben lernen kann).

Aber es bleibt nicht bei diesem Sichtbarmachen eigener 'naturaler Mängel' und Sichtbarwerden eigener 'kulturaler Fähigkeiten'. Im Prozeß eines dialogisch fortschreitenden Selbst- und Weltverständnisses wird das Selbsterzeugtsein zur Feststellung eines Selbsterzeugen-Könnens, d.i. ein Von-selbst-entstanden-Sein höherer Ordnung, 'objektivierbar': Wir können allgemein von 'naturalen Fähigkeiten' 'der Menschen' reden, eben den Fähigkeiten zu zweckrationalem und kommunikativem Handeln, die der Beseitigung der naturalen Mängel dienen. Ganz entsprechend wird im selben dialogischen Prozeß das Von-selbst-entstanden-Sein als erlittenes Von-selbst-Entstehen oder 'Geprägtwerden', d.i. ein Selbsterzeugtsein höherer Ordnung, 'angeeignet', was es erlaubt, wiederum allgemein von 'kulturalen Mängeln' zu sprechen, die der Erweiterung der kulturalen Fähigkeiten Grenzen setzen.

Ganz konsequent bezeichnen daher bei Herder die Ausdrücke

[36] Vgl. ›Abhandlung über den Ursprung der Sprache‹, Heintel 1960, S. 22 f.

‹Vernunft› und ‹Freiheit› beides, einen Mangel – Vernunft ist schwach, weil Irrtümer tradiert werden können, und Freiheit ist schwach, weil Böses gewählt werden kann: Beide sind 'menschlich'[37] – und eine Fähigkeit:

Der Mensch ist der erste *Freigelassene* der Schöpfung; er stehet aufrecht. Die Waage des Guten und Bösen, des Falschen und Wahren hängt in ihm: er kann forschen, er soll wählen. Wie die Natur ihm zwo freie Hände zu Werkzeugen gab und ein überblickendes Auge, seinen Gang zu leiten: so hat er auch in sich die Macht, nicht nur die Gewichte zu stellen, sondern auch, wenn ich so sagen darf, *selbst Gewicht zu seyn* auf der Waage.[38]

Allein die traditionelle, oben schon herausgestellte Verbindung der Vernunft mit den erkennenden und der Freiheit mit den wollenden Kräften verhindert, daß Herders Einsicht in den Anteil der Vernunft – im Sinne von Steuernkönnen – an den Sinnen (beim Üben) wie der Freiheit – im Sinne von Hervorbringenkönnen – am Lehren und Lernen (beim Sprechen) einen damit auch durchgehend verträglichen Sprachgebrauch nach sich zieht. Es bleibt daher bei der Gefahr, den für Tradition konstitutiven Lehr- und Lernprozeß als bloßes 'Naturereignis', nämlich unter schon 'natürlich vorkommenden' menschlichen Individuen aufzufassen, statt sich des reflexiven Anteils bei diesem Prozeß bewußt zu bleiben, kraft dessen menschliche Individuen überhaupt erst nach und nach gebildet werden.

Gehlen ist dieser Gefahr erlegen. Alles, was der Mensch kann, diene der 'Entlastung', nämlich der Kompensation seiner mangelhaften Instinkt- und Organausstattung, derentwegen er nicht nur in seiner individuellen Existenz, sondern auch in der Existenz als Gattung bedroht sei.[39] Was bei den Tieren durch natürliche Ausstattung

[37] Vgl. z. B. aus dem 4. Kapitel ‹Der Mensch ist zu feinern Trieben, mithin zur Freiheit organisiret› des Vierten Buchs der ›Ideen zur Geschichte der Menschheit‹ (Erster Teil, 1784): „Theoretisch und praktisch ist Vernunft nichts als etwas *Vernommenes*, eine gelernte Proportion und Richtung der Ideen und Kräfte, zu welcher der Mensch nach seiner Organisation und Lebensweise gebildet worden. Eine Vernunft der Engel kennen wir nicht: so wenig als wir den innern Zustand eines tieferen Geschöpfs unter uns innig einsehn; die Vernunft des Menschen ist *menschlich* [...]. Sie ist ihm nicht angebohren; sondern er hat sie erlangt und nach dem die Eindrücke waren, die er erlangte [...], nach dem ist auch seine Vernunft reich oder arm, krank oder gesund, verwachsen oder wohlerzogen."

[38] Ebd.

[39] „Der Grundgedanke ist der, daß die sämtlichen 'Mängel' der menschlichen Konstitution, welche unter natürlichen, sozusagen tierischen Bedin-

ihr Überleben sichert, müssen Menschen erst durch ausdrückliche Anstrengung möglich machen. Diese Anstrengungen – dazu gehört auch das Sprechen – bezeichnet Gehlen als Handeln, und weil sich Menschen durch so verstandenes Handeln, eine voraussehende Veränderung ihrer natürlichen Umwelt in eine künstliche 'Ersatzwelt', zu überlebensfähigen Individuen machen, nennt Gehlen den Menschen das *handelnde Wesen*. Was der Mensch dabei zustande bringt, individuell und sozial, sind kulturelle Leistungen wie Sprache, Religion, Recht, Kunst, Technik, Wissenschaft, Politik, unter Einschluß ihrer sie tradierbar machenden und insofern tragenden Institutionalisierungen, etwa in Ehe und Familie, Kirche, Gericht, Schule, Staat; sie alle dienen ausnahmslos der Existenzerhaltung des Einzelnen und seiner Vergesellschaftungen. Die These vom Mängelwesen Mensch ist nach Gehlen daher durch die empirisch daraus folgende These ‹der Mensch ist von Natur ein Kulturwesen› zu ergänzen.[40] Allerdings funktioniere die damit bewirkte Entlastung nur, wenn der einzelne Mensch sich von seinen durch die verschiedenen Institutionen vermittelten, bis zu „fast bewußtlosen Instinkten", nämlich Gewohnheiten, gewordenen Regeln der Lebensführung 'führen' lasse, weil „wegen des einzigartigen, ebenfalls mit seiner Instinktlosigkeit und Unspezialisiertheit gegebenen Antriebsüberschusses [...] der Mensch überall, wo wir ihn sehen, eine gewisse Entartungsbereitschaft und leicht ins Luxurierende überschießende Plastizität und Verderblichkeit einer Fülle oft nicht beanspruchter Anpassungsmöglichkeiten, überdies eine in dem genannten Antriebsüberschuß liegende Ausartungstendenz seiner Triebe"[41] habe. Er sei schon physisch auf Disziplinierung, Zucht und Training 'von oben her' angewiesen: Er muß sich führen, und er bedarf der Führung durch seine Institutionen.

Hier rächt sich die von der Naturalisierung der kulturellen Leistungen erzwungene Gleichsetzung von ursprünglicher 'erster' Natur mit mangelnder Ausstattung fürs Überleben ('Chaos') und von erworbener 'zweiter' Natur mit Fähigkeit zur Lebens*führung* dank oberster Führungssysteme, der Religionen und Weltanschau-

gungen eine höchste Belastung seiner Lebensfähigkeit darstellen, vom Menschen selbsttätig und handelnd gerade zu Mitteln seiner Existenz gemacht werden, worin die Bestimmung des Menschen zur Handlung und seine unvergleichliche Sonderstellung zuletzt beruhen." Gehlen ⁹1971, S. 37.

[40] Vgl. z. B. Gehlen ⁹1971, S. 80 und S. 122 f.; Gehlen 1961, S. 78.

[41] Gehlen 1961, S. 38.

ungen ('Kosmos'), mit einem nicht mehr aufhebbaren Widerspruch, will man, wie Gehlen, beiden überlieferten Einsichten, daß der Kulturprozeß sowohl als Aufstieg wie als Abstieg verstanden werden kann, gerecht werden. Die Kultur in Gestalt der festen, Schranken setzenden Traditionen stabilisiere, in Gestalt der Veränderungen durchsetzenden 'Revolutionen' hingegen – und dann spricht Gehlen von Zivilisation – werfe zurück in die Primitivität unzuverlässigen 'natürlichen' Instinktlebens.[42] Im übrigen soll mit Askese, also einer künstlich hergestellten Mängelsituation, der natürlichen Mängelsituation ungehemmter Triebhaftigkeit gegengesteuert werden können,[43] ein merkwürdiges, aber wohl naheliegendes Mißverständnis der wirklichen Rolle asketischer Übungen, die zu wachsender Unabhängigkeit von Situationsbedingungen, also zu einer Erweiterung des Bereichs des Selbstbestimmten führen sollen.[44]

Die Preisgabe des dialogischen Vernunftbegriffs, wie ihn Herder eingeführt hat, um beide Aspekte, Geprägtwerden und Selbsttätigkeit im Kulturprozeß, als gleichursprünglich aufzuweisen, zwingt zur fragwürdigen, gerade in der deutschen Geistesgeschichte verbreiteten – von Herder aber *nicht* geteilten – Opposition von Zivilisation und Kultur. Berücksichtigt man dabei noch die zugehörige Bewertung ‹Zivilisation erniedrigt, Kultur erhöht›, so ergibt sich die Konsequenz, für die Unterordnung des Einzelnen den Forderungen der Gruppen, denen er angehört, gegenüber zu plädieren, statt dergleichen Forderungen zum Gegenstand einer Auseinandersetzung zu machen, die mit Abänderung der Forderungen oder auch mit Wechsel der Zugehörigkeit enden kann.

[42] Vgl. a. a. O., S. 59; auch die Verteidigung von Gehlens Position durch modifizierende Bekräftigung, etwa so wie Marquard die zweite Natur statt durch natürliche Mängel durch kreatürliches Leiden hervorgebracht sieht (vgl. Marquard 1983) oder so wie Lenk möglichst viele Gesichtspunkte in systemtheoretisch konzipiertem Zusammenhang dafür berücksichtigen möchte (vgl. Lenk 1983), hebt den grundsätzlichen Fehler, Fähigkeiten mit 'Leistungs'-Fähigkeit zu verwechseln, nicht auf.

[43] Vgl. Gehlen 1961, S. 66 f.

[44] Ähnlich merkwürdig und unter irreführendem Bezug auf buddhistische Lehren, die mit „Askese, Verdrängung, Sublimierung", einem ‹nein› zur Wirklichkeit und in diesem Sinne 'lebensfeindlich' bestimmte Erscheinungsweise des Prinzips Geist bei Scheler 1928, S. 56. Eher gleicht bei ihm die Rolle des Geistes – insofern er „schlechthin ohne alle 'Macht', 'Kraft', 'Tätigkeit'" ist – derjenigen des *puruṣa* im indischen System des Sāṃkhya; a. a. O., S. 57.

In bester deutscher Tradition obrigkeitlichen (Vor-)Denkens steht zum Beispiel der folgende Passus:

Die Kultur ist das Unwahrscheinliche, nämlich das Recht, die Gesittung, die Disziplin, die Hegemonie des Moralischen. Aber die zu reich, zu differenziert gewordene Kultur bringt eine Entlastung mit sich, die zu weit getrieben ist und die der Mensch nicht erträgt. Wenn die Gaukler, Dilettanten, die leichtfüßigen Intellektuellen sich vordrängen, wenn der Wind allgemeiner Hanswursterei sich erhebt, dann lockern sich auch die uralten Institutionen und die strengen professionellen Körperschaften: das Recht wird elastisch, die Kunst nervös, die Religion sentimental. Dann erblickt unter dem Schaum das erfahrene Auge schon das Medusenhaupt, der Mensch wird *natürlich* und alles wird möglich. Es muß heißen: Zurück zur Kultur! Denn vorwärts geht es offenbar mit schnellen Schritten der Natur entgegen, da die fortschreitende Zivilisation uns die ganze Schwäche der durch strenge Formen nicht geschützten menschlichen Natur demonstriert.[45]

Noch deutlicher, die Naziideologie unverblümt antidemokratisch untermauernd, hatte sich Gehlen in seiner Antrittsvorlesung 1935 an der Universität Leipzig unter dem Thema ‹Der Staat und die Philosophie› geäußert:

Diesen Philosophien [lies: Philosophien, die das Politische und das Geistige zusammendenken] lag es fern, das formale Recht des Einzelnen gegen die Allgemeinheit auszuspielen, wie in den toten Konstitutionen der Rechtsstaaten oder in den toten Konstitutionen der Ethiken; sie wußten, daß [...] die Sitte [...], aus der der Mensch lebt, handelt, will und genießt [...], die Weise ist, wie die Institutionen subjektiv sind, daß mit anderen Worten die innere Allgemeinheit des Ethos und die äußere Allgemeinheit der staatlichen Formen, in denen die Menschen zusammenstehen [...], wesentlich zusammengehörig sind.[46]

Und wenig später fährt er fort:

[D]ie Aufklärung des Staates und des Volksbildes, theoretisch durch die Philosophie seit der Aufklärungszeit und faktisch durch ihre Anwendung, hat das metaphysische Bewußtsein des Menschen versehrt und verdorben, hat ihn zu falschen Überzeugungen über sich selbst und seine Stellung zur Welt geführt und hat den Menschen im absoluten Sinne geschwächt. Indem man z. B. den Staat für eine wesentlich und beliebig abänderbare Apparatur hielt, hat man sich über das Maß der erträglichen Freiheit, über das, was man machen kann, und über das, was man wollen kann, entscheidend getäuscht. Denn in Wahrheit sagt der Staat dasselbe aus, was die Religion aussagt und das Leben: daß der Mensch eine *Kreatur* ist, unfreiwillig ins Dasein

[45] Gehlen 1961, S. 60.
[46] Gehlen 1935, S. 15.

geworfen, und durch diesen Wurf schon festgelegt und charakterisiert: denn der Staat ist die vorentscheidende Gewalt für den engen Spielraum der Entscheidung aller, die in ihn hineingeboren werden, Volkstum und Rasse die vorgegebenen Konstanten zu einem erstaunlich weiten Bereich der Daseinszüge und Entschlußmöglichkeiten des Einzelnen.[47]

Gegen Ende heißt es dann:

Die Philosophie hat jeweils darin bestanden, das Dasein am Ort seiner höchsten Verdichtung anzuschauen, es sich selbst faßlich zu machen und damit gründen zu helfen, Zeugnis abzulegen und zeugend zu sein. Es ist hinzunehmen, daß dieser Ort der höchsten Verdichtung des Daseins, seines Glaubens, Wollens und Vollbringens für heute kaum mehr die religiöse, sondern die politische Existenz ist, und so hätten wir denn eine neue, und wenn Sie wollen, dritte Gestalt des natürlichen Gegenstandes der Philosophie. Wenn daher die nationalsozialistische Bewegung, die diesem Volke neue Antriebe des Lebens und neue Ordnungen seines Daseins gegeben hat, finden sollte, daß die Geisteswissenschaften (und in erster Linie die Philosophie) als Wissenschaften von uns selbst mit uns selbst übereinzustimmen hätten, so würde sie nicht die Philosophie vor sogenannte neue Aufgaben stellen, sondern sie im Gegenteil hinweisen auf ihre eigenste Bestimmung [...]. Nicht nur ist das Volk und die konkrete Daseinsordnung, die es sich gibt, in der es sich ebensowohl ausdrückt wie selbst erst hervorbringt, der zentrale Ansatzpunkt derjenigen philosophischen Bemühung, die die Zusammenhänge des Daseienden in ihren Brennpunkten fassen will – auch die höheren existentiellen Erfahrungen, die eine Philosophie beleben müssen, können heute nicht unpolitisch sein.[48]

2.3 *Verhaltensabhängigkeiten und Handlungsspielraum*

Wir haben jetzt sämtliche Gesichtspunkte zusammen, um die Ausgangsfrage, wodurch eigentlich der Bereich 'aller' Menschen ausgezeichnet ist, wenn doch ursprünglich nur Angehörige der eigenen Gruppe als meinesgleichen zählen, beantworten zu können. Die Unterscheidung des Eigenen vom Fremden ist selbst nichts anderes als ein erster elementarer Schritt der Selbstbestimmung im Vollzug der Entdeckung der Vernunft, mit dem das, was ich bestimmen kann, von dem, was meinem Einfluß entzogen ist, getrennt wird. Zunächst aber bin nicht ich als Individuum Träger dieser Entdekkung, sondern nur ich als Angehöriger 'meiner' Gruppe: 'wir' verfügen über Fähigkeiten, die 'sie' entbehren – wo es dabei bleibt, tritt

[47] A. a. O., S. 17.
[48] A. a. O., S. 25 f.

einzig die kulturanthropologisch bis in die Gegenwart reich belegte Überlegenheitshaltung der Angehörigen eines 'Kulturvolks' den Angehörigen der anderen 'Naturvölker' gegenüber auf; auch die mit jeder Art von Sektiererei verbundene militante Abgrenzung bis hin zum Terror alter und moderner Formen eines religiösen Fundamentalismus hat in dieser Weigerung, den gerade erst entdeckten Weg einer Selbstbestimmung fortzusetzen, ihre Wurzeln. Wird der erste Schritt der Selbstbestimmung jedoch zu Ende gegangen, so werden auch die Angehörigen meiner Gruppe in dem Maße zu Fremden wie Angehörige der Fremdgruppe als meinesgleichen, ausgestattet wie ich, erfahren werden. In der Trennung des Eigenen vom Fremden steckt eine Herausforderung, der nur mit Beseitigung oder Aneignung des Fremden begegnet werden kann, einem Versuch, dessen Kehrseite das Fremdwerden des Eigenen ist, in einem Prozeß, ganz wörtlich, der 'Entfremdung'. Der Versuch, das, was ich nicht beeinflussen kann, gleichwohl meinem Einfluß zu unterwerfen, endet mit der Entdeckung, selbst beeinflußt worden zu sein. Im biblischen, allerdings oft 'moralisch' mißverstandenen Mythos vom Brudermord Kains an Abel (1. Mose 4, 1–15) finden wir diese Überlegung in Gestalt einer Geschichte wieder; sie endet damit, daß Kain unter ein besonderes Zeichen göttlichen Schutzes, das 'Kainsmal', gestellt wird, welches vor allem das den Prozeß der Selbstbestimmung begleitende Gewahrwerden der Entfremdung bedeutet.

Wenn daher die Ethnologie feststellt, daß die für die höheren Tierarten charakteristische 'Artsolidarität' – außer unter Streß keine Tötung von Artgenossen – bei der biologischen Art Mensch durch Gruppensolidarität, eben die von der Unterscheidung des Eigenen vom Fremden hervorgerufene Beschränkung auf in der Regel durch Initiationsriten auch öffentlich bekundete Zugehörigkeit zum eigenen Kulturkreis, ersetzt ist, mit der Folge ausdrücklich sanktionierter Tötung 'fremder' Menschen unter bestimmten Bedingungen,[49]

[49] Vgl. die Übersichten und weiterführende Literatur in Jettmar 1973; die damit verbundene These, daß Endokannibalismus, also 'Menschenfresserei', am Beginn der Menschwerdung stehe, sie vielleicht sogar, durch Ausschaltung der konkurrierenden Subspezies, erst ermöglicht oder zumindest gefördert habe – daher auch als These einer Abstammung vom 'Mörderaffen' bezeichnet –, ist jedoch umstritten (vgl. ebd., S. 32), zumal sie sich leicht dazu mißbrauchen läßt, versuchte und vollendete Genozide, von der Ermordung der Indianer nach der Entdeckung beider Amerikas durch die Europäer bis hin zum Vernichtungsantisemitismus der Nazis, für aus einer 'natürlichen Anlage' des Menschen erklärbar zu halten. Das gilt auch für die

so gilt es zu präzisieren: In der Zugehörigkeit zu einer, 'meiner', Gruppe werden die anderen als meinesgleichen zwar (aktiv) anerkannt, immer aber auch (passiv) bloß hingenommen und insofern als fremd erfahren. Darin steckt die Möglichkeit, die sich in der Kündigung einer Gruppenzugehörigkeit und im Eintritt in eine fremde Gruppe verwirklichen läßt.[50]

Es reicht nicht aus, das Faktum bloßer Gruppensolidarität, wie es empirisch-anthropologische Forschung tut, mit der die Art *homo sapiens* vor den anderen Arten aufgrund hoher Spezialisierung und weiter räumlicher Verbreitung auszeichnenden Vielfalt der Verhaltensweisen zu erklären, deshalb nämlich, weil die daraufhin entstandene Unsicherheit über die Artgrenzen zur Schaffung von die Zusammengehörigkeit der Gruppen eigens sichernden Zeichenhandlungen herausfordere – natürliche Verschiedenheiten werden kulturell stabilisiert –, und es geht zu weit, die Norm universeller Artsolidarität, wie es philosophische Reflexion in der Nachfolge Kants tut, mit dem schon im ersten Kapitel erwähnten Argument[51] zu rechtfertigen, daß es Aufgabe der Vernunft sei, aus einem Stadium der Zwietracht in ein Stadium der Eintracht zu führen – natürliche Verschiedenheiten sollen in einem Kulturprozeß allmählich aufgehoben werden.

So richtig es ist, daß Menschen allein im Schutz des Zusammenhangs einer sozialen Gruppe wirklich Menschen, also 'zu Hause' sein können, weil Vertrautsein miteinander auch gegenseitiges Vertrauen möglich macht, so falsch ist es zu glauben, daß die mit der Geburt gegebene 'natürliche' Zugehörigkeit zu einer Familie, einem Klima, einer Sippe, einer Landschaft, einem Volk usw. bereits das Dach ist, von dem Flam sagt, daß es jeder Mensch zum Leben und auch zum Sterben brauche.[52] Jeder muß selbst bestimmen können, wo er hingehört; dies jedoch von der Erfüllung der Bedingung ab-

von der Soziobiologie vertretene These, daß allein 'genetischer Eigennutz', wenn schon nicht individueller Eigennutz, die natürliche Evolution steuere; vgl. Wilson 1975, sowie Dawkins 1976.

[50] Unter den vielen Institutionalisierungen solcher Gruppenwechsel sind Heiratssitten ein besonders dankbarer Gegenstand kulturanthropologischer Forschung, vgl. Oppitz 1975; zur fundierenden verhaltenstheoretischen Ambivalenz, vom 'Fremdeln' der Säuglinge bis zur Xenophobie in Ethnien, als einem biologischen Anpassungsphänomen vgl. Eibl-Eibesfeldt 1984, S. 216ff.

[51] Vgl. S. 43.

[52] Vgl. Einleitung, S. 12f.

hängig zu machen, daß man zu *allen* Menschen eine Beziehung des Vertrautseins gewinnen müsse, ist ebenso falsch.

Jeder Versuch, soziale und natürliche, insbesondere räumliche Nähe zu möglichst vielen Individuen zu schaffen, die Gruppe zu vergrößern, um so schrittweise das Bewußtsein der Zugehörigkeit zur ganzen Art Mensch zu erzeugen, überfordert die einzelnen Menschen von einer bestimmten Stelle an, nämlich durch Verletzung der 'Privatsphäre', indem der 'kritische Raum' nicht mehr respektiert werden kann. Die Folge sind Reaktionen der Abschirmung voreinander und der aggressiven Spannung untereinander.

Wer argumentiert, es gelte, ausgehend von bestehenden und insofern natürlichen Verschiedenheiten, durch geeignete, etwa soziale Maßnahmen, diese Verschiedenheiten allmählich einzuebnen, unterstellt, daß ein Mensch den anderen nur insoweit sehe und sehen könne, als dieser jenem gleiche, er ohnehin nur die verbindende, weil gemeinsame Vernunft beachte, den trennenden Unterschied dagegen beiseite schiebe. Aber es ist auch faktisch falsch, den historischen Kulturprozeß als einen Prozeß zur Aufhebung natürlicher Ungleichheiten mit dem Ziel einer Verwirklichung der Gleichheit aller Menschen aufzufassen, selbst wenn eingeschränkt unter Gleichheit nur die Gleichheit sozialer Chancen, beruflichen Aufstiegs, Bildungserwerbs usw. gemeint ist. Denn genauso wirksam setzt sich im Kulturprozeß die Ausbildung soziokultureller Ungleichheiten auf der Basis natürlicher Gleichheiten durch. Man denke nur an eine verschiedene Ausbildung bei gleicher Begabung. Weder ist es angemessen, Übereinstimmung und Unterschied zwischen Menschen unmittelbar mit der Unterscheidung von Kultur und Natur in Verbindung zu bringen, so als gelte Übereinstimmung als Ziel des Kulturprozesses und Verschiedenheit als seine natürliche Ausgangsposition, noch darf man die natürlichen, insbesondere biologischen Entwicklungen einerseits und die kulturellen, insbesondere sozialen Entwicklungen andererseits, gleichgültig ob sie für ein Individuum oder für die ganze Art Mensch untersucht werden, nur unter dem Gesichtspunkt möglicher Einflußnahme in Richtung auf den Ausgleich sonst fortschreitender Aufsplitterungen sehen.

Es geht vielmehr um die Herstellung eines labilen Gleichgewichts zwischen Zugehörigkeit und Unzugehörigkeit, das sich nur in wechselnden Zugehörigkeiten als Erfahrung sowohl einer innerhalb sozialer Zusammenhänge wachsenden und um sich wissenden Individualität wie der dazu komplementären Sozialität eines 'Weltbürgertums' gewinnen läßt.

Alle Menschen sind diejenigen, mit denen ich diese Erfahrung teilen kann: Jede dialogische Situation eines Miteinanderhandelns und eines Miteinanderredens ist selbst, gemessen an den vorangegangenen Interaktionen der beiden Beteiligten mit jeweils anderen Menschen, eine Änderung der Zugehörigkeit *und* Unzugehörigkeit *en miniature.* Die Ich-Erfahrung zu machen heißt, eine Ich-Du-Erfahrung zu machen und schließt daher das Wissen um die Ich-Erfahrung kraft des am Du gespiegelten Ich mit ein.[53] Dabei zeigt sich der Schritt vom vollzogenen Wissen zum vergegenständlichten Wissen, einem 'Wissen des Wissens' um die Ich-Erfahrung, beim einzelnen Menschen im Schritt vom Ich-Sagen in der frühen Kindheit zum Ich-Erleiden in der Pubertät. Albert Camus (1913–1960) hat dieser Überlegung zu Beginn seiner Essay-Sammlung ›L'homme révolté‹[54] [Der Mensch in der Revolte] die folgende Gestalt gegeben: «Le premier progrès d'un esprit saisi d'étrangeté est donc de reconnaître qu'il partage cette étrangeté avec tous les hommes ...»[55] [Der erste Fortschritt eines von der Befremdung befallenen Geistes ist demnach zu erkennen, daß er diese Befremdung mit allen Menschen teilt ...]

Der zweite, noch immer elementare Schritt der Selbstbestimmung im Vollzug der Entdeckung der Vernunft ist eine Konsequenz aus dem mit der Unzugehörigkeit erfahrenen Fremdwerden mir selbst gegenüber, der zur Selbstbestimmung, sie möglich machend, erst herausfordernden Ich-Erfahrung. Die 'Objektivierung' dieser Erfahrung nämlich läßt sie in zwei Seiten aufgespalten erscheinen: Zum einen befinde ich mich im Versuch, *(Verhaltens-)Abhängigkeiten* zu beheben, gleichgültig ob diese herkömmlich natural oder kultural heißen, z. B. meines Temperaments, meiner Herkunft; zum anderen sehe ich mich einen *(Handlungs-)Spielraum* entdecken, ebenfalls jenseits seiner Kennzeichnung als vorgegeben oder erworben, z. B. gegenüber meiner Begabung, gegenüber meiner Umgebung. Und der Versuch, durch *geistige Leistungen* die Abhängigkeiten zu beheben, entpuppt sich zugleich als ein Bestimmen der naturalen Mängel, die auf diese Weise kompensiert werden *sollen.* Ganz ent-

[53] So muß man auch Plessner in seiner frühen Studie ›Die Deutung des mimischen Ausdrucks. Ein Beitrag zur Lehre vom Bewußtsein des anderen Ichs‹ (1923) verstehen, wenn er schreibt: „[D]ie Gewißheit der Du-Form [...] ist gleichursprünglich mit, weil gegensinnig zu der Gewißheit der Ich-Form." PGS VII, S. 125.

[54] ES, 407–709.

[55] ES, S. 432.

sprechend geht mit der Entdeckung eines Spielraums der *natürlichen Ausstattung* ein Bestimmtsein durch kulturale Mängel einher, die das, was man *können* wird, begrenzen.

Was *ich* brauche, wird Anlaß zu fragen, was *man* soll, und wird durch *Arbeit* mit dem Aufbau eines Bereichs 'ideeller' Kulturleistungen, eben des Bereichs geistiger Leistungen – aufgrund der naturalen Fähigkeiten, wie wir bereits wissen –, welche die Kultur als eine 'zweite Natur' des Menschen auf dem Wege einer näherungsweisen Verwirklichung von 'Ideen' hervorbringen, beantwortet; die einfachste Einteilung der Trägerhandlungen dieser alltäglichen ('profanen') und später wissenschaftlichen Leistungen in die Bereiche der Technik inkl. Wirtschaft (Ökonomik) und Politik leitet sich her von den beiden führenden Zielsetzungen zweckrationalen und kommunikativen Handelns: *Bedürfnisse befriedigen* und *Konflikte bewältigen.*

Und weiter wird das, was *wir* schon können, Anlaß auszuprobieren, wozu *ich* noch fähig bin: Mit der Entwicklung der natürlichen Ausstattung, also der je 'eigenen Natur' als etwas Selbsterprobtem, werden in *Muße* Bereiche 'sensueller' Kulturzeugnisse hervorgebracht, in denen die Subjekte – kraft der kulturalen Fähigkeiten, wie wir ebenfalls bereits wissen – sinnlich wahrnehmbar sind; die beiden wichtigsten zunächst mythischen ('heiligen') und später künstlerischen Ausdrucksformen, *Erfahrungen machen* und *Fertigkeiten erwerben*, zeigen sich in den Bereichen der Religion im weitesten Sinn und der (Selbst-)Erziehung (Pädagogik) inkl. Sport.

Der Rahmen für eine systematische Genese der Umgangsformen ist damit gesteckt. Insbesondere ist jetzt auch deutlich, daß in der die Erfahrung der Unzugehörigkeit begleitenden Distanzierung ein Mensch sich einerseits *individuell* als den naturalen Abhängigkeiten, den Kräften und Einflüssen der Natur unterworfen weiß und er sich mit diesem Wissen um die Zugehörigkeit zum Reich der Natur für einen *allgemeinen* Träger des Geistes, ein zur Kultur verpflichtetes 'Vernunftwesen' hält – ich bin Teil der Natur (*pars pro toto*), und indem ich es (einer für alle) 'veröffentliche', stehe ich ihr gegenüber;[56] andererseits erfährt sich ein Mensch dabei *sozial* als den kul-

[56] Das muß als Kern von Hannah Arendts tiefsinnigem, unter Bezug auf Augustin geschriebenen Weil-Satz zu Beginn des fünften Kapitels (Das Handeln) in ihrem Buch ›Vita activa‹ angesehen werden – „Weil jeder Mensch aufgrund des Geborenseins ein *initium*, ein Anfang und Neuankömmling in der Welt ist, können Menschen Initiative ergreifen, Anfänger

turalen Bedingtheiten, den Traditionen und Forderungen ‹seiner› Gesellschaft unterworfen, gegen die er sich vermeintlich *individuell* auf der Suche nach seiner eigenen Natur ‹in Freiheit› zur Wehr setzt.

Es ist gleichermaßen irreführend, dem die Aufklärung bestimmenden Gedanken vom Menschen als schließlich vernünftig zwar der Gattung nach, aber in seinen Individuen als nur natürlich zu folgen, wie der entgegengesetzten, im Kern romantischen Überzeugung vom Menschen als einer 'natürlichen', die kulturellen Traditionen grundsätzlich einschließenden Spezies, die allein in ihren Individuen zur eigenen Natur durch Selbstbestimmung finden muß. Kant und Nietzsche haben wir stellvertretend jeweils für eine dieser beiden Auffassungen kennengelernt.

Das die Distanzierung erfahrende Individuum in dieser Tätigkeit – den passiven Aspekt der Erfahrung in eine beobachtete Tätigkeit umdeutend – für nur allgemein zu halten zieht die Objektivierung der Vernunft und damit die Behandlung der Kultur wie Natur, die 'zweite Natur', nach sich. Der Moralismus eines so zustandegekommenen 'objektiven Idealismus' – er läßt sich besonders deutlich im Neukantianismus studieren[57] – erscheint unausweichlich. Umgekehrt heißt, die Distanzierungserfahrung für ein allein individuelles Widerfahrnis zu halten – der aktive Aspekt der Erfahrung ist als etwas, das an oder mit mir geschieht, umgedeutet –, nichts anderes als die Kultur von der Natur hervorgebracht, als bisher letzte Stufe der 'ersten Natur', zu sehen. Der Amoralismus des damit ins Leben gerufenen 'subjektiven Naturalismus' ist ebenfalls zwangsläufig – paradigmatisch entwickelt in der Philosophie Nietzsches.[58]

werden und Neues in Bewegung setzen" (Arendt 1958, dt. Ausgabe S. 166) –, auch wenn sie selbst die reflexive Komponente schon im Handeln und Sprechen, kraft dessen die so begonnene 'zweite Geburt' überhaupt nur Zeichen der ersten Geburt werden kann, übersieht und 'die Tätigkeit des Denkens' – in einer 'vita contemplativa' – erst als eine nachträgliche, das Handeln und Sprechen ihrerseits reflektierende und deshalb, ihres primär 'privaten', moderner Innerlichkeit zugehörigen Charakters wegen, auch grundsätzlich unzulängliche Tätigkeit einsetzen läßt; auch dies eine Folge der am Ende des ersten Kapitels (S. 46 ff.) ausführlicher erörterten Fehlbeurteilung der Fähigkeit zur Vernunft.

[57] Vgl. das Nachwort zu der von Vollhardt 1986 herausgegebenen Ausgabe von Heinrich Rickert, Kulturwissenschaft und Naturwissenschaft.

[58] Auch Plessner 1928, S. 386 ff., macht auf die Fragwürdigkeit beider Positionen, bei ihm ‹spiritualistisch› und ‹naturalistisch› genannt, aufmerksam, allerdings begründet er anders, und deshalb soll die exzentrische Posi-

In beiden Fällen wird die im dialogischen Zusammenhang der einzelnen Menschen wirksame gegenseitige Begrenzung zugunsten eines Alles oder Nichts – ich vertrete alle oder bin allein – verleugnet. Mängel und Fähigkeiten jedoch des Menschen im allgemeinen auf der einen Seite – insofern Ich und Du gleich sind – und der jeweils individuellen Menschen auf der anderen Seite – insofern Ich und Du sich unterscheiden – fallen sowohl inhaltlich wie in ihrer Funktion zwar bezogen aufeinander, dabei aber nicht übereinstimmend aus.

tionalität *des* Menschen, nicht der dialogische Zusammenhang *der* Menschen, imstande sein, die ‹Natur-Kultur›-Unterscheidung aufzuklären – ein spätes Echo und damit Beleg der Wirksamkeit des kantischen allgemeinen Subjekts, auch wenn dieses seinen Status als Ding an sich verloren hat und statt dessen in der biologischen Organisation des Menschen verankert worden ist.

Kausal = Ursache – Wirkungs-Zusammenhänge
hermeneutisch = Mittel – Zweck – "

3. DER MENSCH DAS EXZENTRISCHE LEBEWESEN

3.1 *Weltoffenheit und Umweltbindung*

Wenn es stimmt, daß die mit der Entdeckung der Vernunft gemachten Erfahrungen von Zugehörigkeit einerseits und Unzugehörigkeit andererseits als *meine* Erfahrungen nur auftreten können, wenn sie auch *deine* Erfahrungen sind, die Verschiedenheit der Perspektiven dabei aber unaufhebbar bleibt, so kann Selbstbestimmung als Selbsterkenntnis weder allein individuell – jeder für sich agierend – noch bloß allgemein – sich einem Typus Menschsein unterwerfend – erscheinen. Sie ist in einer Vielfalt von Dialogen, also Handlungs- und Redezusammenhängen, im Wirklichwerden begriffen und befindet sich jenseits der unsere Tradition weithin beherrschenden Auseinandersetzung um den Vorrang von Individuum oder Gattung und den, wie wir gesehen haben, damit verbundenen Versuchen, entweder im (idealen) Ziel der kulturellen Entwicklungen die eigentliche 'höhere' Natur des Menschen oder aber in den natürlichen Anlagen bereits den (realen) Grund seiner eigentlichen 'unverfälschten' Kultur zu sehen. Gegen beide Illusionen, die von der Vernunft in der Geschichte und die von Gott in der Natur, die *ultima ratio* und die *prima causa*, hat schon Camus in seinem Essay ›Le Mythe de Sisyphe‹[1] [Der Mythos von Sisyphos] die bereits einen Schritt weiter entwickelte Erfahrung des Absurden ausgespielt, die dann ebenfalls, nur in anderen Worten, von der Unvereinbarkeit der beiden elementaren Erfahrungen, von Zugehörigkeit oder Vertrautheit und von Unzugehörigkeit oder Fremdheit handelt: «Et ces deux certitudes, mon appétit d'absolu et d'unité et l'irréductibilité de ce monde à un principe rationnel et raisonnable, je sais encore que je ne puis les concilier.»[2] [Und die beiden Gewißheiten, mein Verlangen nach Absolutem und nach Einheit und das Unvermögen, diese Welt auf ein rationales und einsichtiges Prinzip zurückzuführen, ich weiß zudem, ich kann sie nicht miteinander versöhnen.]

× Einheit d. Vernunft i. der Vielfalt ihrer Stimmen. (Habermas)

[1] ES, 89–211.
[2] ES, S. 136.

Wir stehen insbesondere vor der Aufgabe, die Zweideutigkeit von ‹individuell›, zum einen im Gegensatz zu ‹allgemein› und zum anderen im Gegensatz zu ‹sozial›, aufzuklären und dabei die Verbindung mit dem ebenfalls auf der Entdeckung der Vernunft beruhenden Wissen um das Zugleich-Objektsein und -Subjektsein jedes Menschen herzustellen.

Wir hatten im ersten Kapitel gesehen, daß bereits die antike Auseinandersetzung um die Unterscheidung zwischen Physis und Nomos, 'Natürlichem' und 'Zugeteiltem', eine Auseinandersetzung darüber gewesen ist, was man mit der Vernunft, der Fähigkeit zur Unterscheidung und Beurteilung, sich eigentlich zugeschrieben hat, eine Ausstattung oder eine Leistung, oder nicht eher die Instanz, kraft deren solche Unterscheidungen als Schritte einer Selbstbestimmung überhaupt begreifbar werden. Und im zweiten Kapitel haben wir uns davon überzeugt, daß die Gleichsetzung des Natürlichen mit dem Fremden und des Zugeteilten mit dem Eigenen der Auseinandersetzung eine historische Dimension beschert hat, die als Antwort auf 'die anthropologische Frage' – so die moderne Ausdrucksweise Bubers – oder die Aufforderung ‹Erkenne dich selbst› – so die antike Inschrift am Apollontempel in Delphi: γνῶθι σεαυτόν (lat.: nosce te ipsum) – die Selbstbestimmung der Individuen und der Gattung zu einem das Leben einzelner Menschen wie auch der Menschheit im ganzen immer wieder, wenn auch nicht lückenlos, ausdrücklich begleitenden Prozeß werden ließ.[3] An der näheren Charakterisierung dieses Prozesses allerdings schieden sich die Geister, zumal zwischen einzelnen Menschen, d.i. Personen, und Menschheit eine Fülle von 'Gruppenindividuen' verschiedener Größe und Lebensdauer – Paare (Mutter/Kind, Liebende[r]/Geliebte[r] u.a.), Familien, Sippen, Dorfgemeinschaften, Völker, Religionsgemeinschaften usw. – unter dem heute üblichen Titel einer Frage nach

[3] Besonders prägnant ist dieses Verständnis der Frage ‹Wer bin ich?› als ‹Wozu gehöre ich?› von dem schwedischen Naturforscher Carl von Linné (1707–1778) in seinem ›Systema Naturae‹ (1735) ausgedrückt worden, indem er allein die Art Mensch nicht, wie sonst alle anderen Arten, nach aristotelischer Definitionenlehre, durch *genus* (*homo*) und *differentia specifica* (*sapiens*) charakterisiert, sondern durch ‹nosce te ipsum›, so das ursprüngliche Verständnis der Vernunftfähigkeit auch in der Ausdrucksweise wiederherstellend; eine ›Nemesis Divina‹ (dt. Ausgabe Lepenies/Gustafsson 1981) wacht über Reden und Handeln der Menschen, ob sie das Wissen um ihre Unfertigkeit auch nicht verraten; daran knüpft an: Mary Maxwell 1984.

'Identität'[4] berücksichtigt werden muß; sogar feinere Untergliederungen, zum Beispiel in Lebensstadien, etwa in Jugend und Alter, einer Person spielen eine Rolle.

Eine erste Klärung vermag ein Blick auf die Vorwürfe einzuleiten, die von Platon und Aristoteles gegen den Sophisten Protagoras, einen der bedeutendsten 'Weisheitslehrer' unter den Konkurrenten des Sokrates (ca. 470–399 v. Chr.) erhoben wurden.[5] Protagoras vertrete einen Subjektivismus (und damit 'anthropozentrischen' Relativismus) in praktischen und theoretischen Angelegenheiten, der es unmöglich mache, gegen praktisch ausgeübte Willkür und theoretisch festgehaltene Überzeugungen noch zu argumentieren. Am einzig überlieferten ersten Satz eines Werkes ›Über die Wahrheit‹, dem 'Homo-mensura-Satz' – er lautet: πάντων χρημάτων μέτρον ἐστὶν ἄνθρωπος, τῶν μὲν ὄντων ὡς ἔστιν, τῶν οὐκ ὄντων ὡς οὐκ ἔστιν[6] [(Der) Mensch ist das Maß aller Dinge, der seienden, wie (daß) sie sind, der nicht seienden, wie (daß) sie nicht sind] –, scheint sich belegen zu lassen, daß Aristoteles recht hat mit seiner Behauptung, Protagoras stelle die Verhältnisse auf den Kopf, wenn er denjenigen, der erkennt (nach Gründen forscht [ἐπιστήμη treibt] und sinnlich wahrnimmt [αἴσθησις hat]), zum Maßstab für das, was es gibt, ausgebe, statt umgekehrt anzuerkennen, daß die Erkenntnis von den Dingen 'gemessen werde'. Offenbar sei Honig für Protagoras nur süß, solange man ihn koste.

Dieses Urteil mitsamt dem noch weitergehenden, schon von Demokrit (ca. 470–380 v. Chr.) gegen Protagoras erhobenen Vorwurf, er nehme den Bereich der Physis und damit die Bedingung für ein mit Eingriffen in den 'Lauf der Dinge' Sich-behaupten-Müssen überhaupt nicht zur Kenntnis, ist ungerecht, wie allein schon der bereits im zweiten Kapitel herangezogene Kulturentstehungsmythos des Protagoras beweist.[7] Die Herausstellung des Menschen als 'Maß', nämlich als Kriterium für die 'Richtigkeit' von Unterscheidungen und Urteilen, richtet sich gegen eine seinerzeit – zum Beispiel bei den Eleaten – verbreitete, von Platon sogar in einer die Tradition beherrschenden Deutung angeblich fest verankerte Auffassung vom Unterschied zwischen zwei Welten, einer 'wahren', die mit den 'Augen des Geistes' erfaßt werden kann, und einer 'schein-

[4] Vgl. die informationsreiche Aufsatzsammlung Auwärter/Kirsch/Schröter 1976.

[5] Z. B. Platon, Theait. 166d; Aristoteles, Met. 1053a.

[6] VS 80, B 1.

[7] Vgl. S. 60.

baren', die den Sinnen zugänglich ist, also den Ausgangspunkt für den Mythos von der 'Doppelnatur' des Menschen, wie wir im ersten Kapitel gesehen haben.[8]

Diese Unterscheidung, darin stimmen die Argumentationen der Sophisten grundsätzlich überein, läßt sich nicht aufrechterhalten. Vielmehr ist die Entdeckung der Vernunft im Vollzug schließlich der Unterscheidung zwischen 'mir' und meiner Umgebung (dazu gehöre dann auch ich, und nicht etwa nur mein Körper, als Objekt) – es ist dies nur eine andere Perspektive der elementaren Stufe bei der Unterscheidung des Selbsterzeugten vom Von-selbst-Entstandenen – zugleich ein Gewahrwerden, daß andere 'dieselbe' Unterscheidung, auf sich bezogen, treffen. Wir hatten dafür die Ausdrucksweise ‹Sich-im-Anderen-Erkennen› gewählt[9] und müssen uns jetzt davon überzeugen, daß damit Welt tatsächlich auf Handlungs- und Redezusammenhänge zwischen Menschen relativiert erscheint oder, besser noch, allein in Gestalt von 'Situationen' auftritt. Die scheinbar eigenständigen Gegenstände, deren Zusammenhang *die* Welt ausmacht und die das Erkennen, so will Aristoteles uns suggerieren, bestimmen, sind eingebettet in die Handlungs- und Redezusammenhänge, zu denen selbstverständlich auch sinnliche Wahrnehmung und 'Gründeforschung', also Wissenschafttreiben, gehören, und kommen daher zunächst allein im Zusammenhang dessen, was die an einer Situation Beteiligten brauchen und was sie können, vor. Von daher ist es kein Wunder, daß die Dinge im Homo-mensura-Satz als χρήματα, als 'Dinge, die man braucht', bezeichnet sind, und auch der bei Platon und Aristoteles sonst übliche Ausdruck πρᾶγμα verlangt aufgrund seiner Etymologie die Lesart ‹Ding, mit dem man umgeht›.

Man kann sich in einer Situation befinden in dem Sinne, daß man sich diese Situation zuschreibt, genau dann, wenn man dies auch weiß, und das heißt, wenn ein anderer – und das bin im äußersten Fall ich selbst als der mir fremd Gewordene – sich diese Situation als die seine zuschreibt und beide damit in eine neue Situation eingetreten sind. Eine gemeinsame Situation gibt es nur als geteiltes Wissen um die verschiedenen Perspektiven ihr gegenüber, und damit ist sie als eine beurteilte eine bereits verlassene Situation. Selbstbestimmung ist der großangelegte Versuch, die Folge von Situationen, also die Handlungs- und Redezusammenhänge der Menschen über Orte

[8] Vgl. S. 31 ff.
[9] Vgl. S. 48.

und Zeiten hinweg in *eine* zusammenhängende Situation, *die Welt*, zu verwandeln, was natürlich selbst nur als offener Prozeß mit zahllosen Verzweigungen, den *Weltversionen*, möglich ist. Es ist dabei üblich, die Teileinheiten der Handlungszusammenhänge als *Lebensweisen* von den Teileinheiten der Redezusammenhänge als *Weltansichten* begrifflich zu trennen. Und deutlich wird, daß Selbstbestimmung, so verstanden, Selbsterkenntnis nur vereint mit Welterkenntnis nach sich zieht: Anthropologie und Kosmologie sind siamesische Zwillinge, deren Trennung beide sterben ließe.

Die Fehlurteile in der platonisch-aristotelischen Auseinandersetzung mit der Sophistik stammen vermutlich daher, daß Physis, das Von-selbst-Entstandene, zum einen unter kosmologischem Aspekt verstanden wurde, eben als κόσμος, der sich der θεωρία als Ordnung hinter den Phänomenen 'schauend' erschließt, zum anderen jedoch unter anthropologischem Aspekt, als τύχη, gegen deren blindes Walten sich die Menschen mit τέχνη, technischem und praktischem Können, behaupten müssen. Beide aber, 'Theorie' und 'Kunst', verschmelzen mit ἐπιστήμη, der Wissenschaft im weitesten Sinne einschließlich ihrer philosophischen Grundlagen, als ihr theoretischer und ihr praktischer Anteil, was gegenwärtig unter einem neuzeitlich eingeschränkten Verständnis von Wissenschaft als 'reine' (Natur-)Wissenschaft und 'angewandte' (Natur-)Wissenschaft oder Technik wiederkehrt, allerdings bis in die jüngste Gegenwart unter Ausblenden des anthropologischen Aspektes, so daß Selbstbehauptung unbemerkt schrittweise in Selbstzerstörung übergehen konnte.

Eine ähnliche Zweideutigkeit charakterisiert auch die Auseinandersetzung um den Nomos, das Zugeteilte und Selbsterzeugte in einem. Im ersten Fall nämlich wird er unter kosmologischem Aspekt gesehen, als δίκη, deren 'ungeschriebenen Gesetzen' jeder nicht anders als folgen kann, auch wenn es schwierig sein mag, hinter den von Polis zu Polis, und erst recht zu nichtgriechischen Staaten, wechselnden Gesetzen und Sitten, den gleichen Kern, Götterfurcht (θεοῦς σέβειν) und Ahnenverehrung (γονέας τιμᾶν), auszumachen. Das Studium dieser institutionellen, von einer Zwecksetzung bestimmten Phänomene markiert den Beginn der Kulturwissenschaften. Unter anthropologischem Aspekt aber sieht man den Nomos im zweiten Fall, wenn er ausdrücklich als Bereich der vorzunehmenden Satzungen, bei staatlichen Neugründungen etwa, verstanden wird. Sowohl Protagoras wie Platon standen vor einer solchen Aufgabe: Platon allerdings mit der falschen Hoffnung, eine unabhängig von den besonderen Bedingungen einer Polis optimale, nämlich 'gerechte', weil Einsicht (φρόνησις), Tapferkeit (ἀνδρεία) und Besonnenheit (σωφροσύνη) koordinierende 'Philosophenherrschaft' begründen zu können. Protagoras wußte, daß dies unmöglich ist, und er hat mit dem Aufbau normativer Disziplinen auch keine Einzigkeitsbehauptung verbunden; vielmehr ist die durchaus wandelbare übereinstimmende Meinung (κοινὴ δόξα) in einer Polis jeweils oberstes Kriterium.

Der platonische Versuch, δίκη durch Einsatz des praktischen, nämlich politischen Anteils der τέχνη in Gestalt der Gerechtigkeit (δικαιοσύνη) 'nachzuahmen', weil sonst die Entthronung der Götter und mit ihnen auch des göttlichen Gesetzes folgerichtig zur Anerkennung des Menschen als 'Maß' führen würde – eine im Verständnis Platons unerträgliche Vorstellung, wie wir gesehen haben –, hat den Weg gebahnt für die historisch folgenreiche, von Aristoteles übrigens nicht geteilte Unterordnung des praktischen Könnens unter ein allgemeines Sollen. Sieht man diese Entwicklung zusammen damit, daß ganz entsprechend das technische Können – und hier folgt Aristoteles Platon – in den Dienst einer Schau des 'unwandelbaren Seins' – von 'Erkenntnis der Wahrheit' spricht man seither – gestellt wird, so verwundert nicht mehr, daß der von den Sophisten herausgestellte Bereich des Könnens in der neuzeitlichen Kluft zwischen dem Bereich des Seins und dem Bereich des Sollens schließlich ganz verschwunden ist.

Unter anthropologischem Aspekt galt es, sich gegen die Physis als τύχη (Zufall) mit technischem Können zu behaupten, den Nomos als θέσις (Satzung) hingegen mit praktischem Können zu errichten. Mit dem historischen Sieg der platonisch-aristotelischen Tradition über die sophistische Aufklärung aber spielten Physis und Nomos unter diesem anthropologischen Aspekt keine nennenswerte Rolle mehr. Ihr Gegensatz blieb allein unter kosmologischem Aspekt erhalten, und dann unter dem Titel einer Frage nach den Gründen für die *Geltung* von 'Seinsaussagen' und von 'Sollensaussagen', von *allgemeinen* 'deskriptiven' und *allgemeinen* 'normativen' Sätzen, von 'Naturphilosophie' und 'Moralphilosophie',[10] ein unsere Tradition bis heute bestimmendes Thema. So kam es, daß die antiken, Selbstbestimmung (der Gattung) markierenden 'Definitionen' des Menschen als *animal rationale* und als *animal sociale* mit der Entdeckung

[10] Vgl. den im ersten Kapitel, S. 45 f., erörterten Kontext von J. St. Mills Unterscheidung zwischen *natural sciences* und *moral sciences*.

gleichgesetzt wurden, nach Gründen für Geltung in theoretischen und praktischen Angelegenheiten fragen zu können, also Weltansichten und Lebensweisen nicht fraglos ausgeliefert zu sein, sondern *die* 'wahre' Weltansicht und *die* 'richtige' Lebensweise schließlich auch zu finden, theoretisch zumindest, wenn sie schon praktisch höchstens approximierbar bleiben. Die anthropologische Seite, auf der hätte sichtbar werden können, daß dazu *eine* Weltansicht und *eine* Lebensweise erst einmal *er*funden werden müssen, und dies immer wieder von neuem, blieb weitgehend im Dunkel. Natürlich deshalb, weil ungeklärt blieb, in welchem Sinn die Selbstbestimmungen als *animal rationale* und als *animal sociale* gerade die Art des *Zusammenhanges* einzelner Menschen kennzeichnen: ‹animal sociale› und ‹animal rationale› artikulieren das Wirklichwerden von Selbstbestimmung jeweils in Handlungszusammenhängen und in Redezusammenhängen, sind also nicht schlichte Selbstbestimmungen, sondern Bezeichnungen für ihren wissenden Vollzug, was in der philosophischen Tradition zuweilen auch mit ‹Reflexionsbestimmungen› wiedergegeben wird.

Allerdings muß man dabei darauf achten, daß darunter nicht eine Art 'rein geistiger Ereignisse', vielleicht gar noch gebunden an eine einzelne Person, verstanden wird. Ein solches Mißverständnis liegt deshalb nahe, weil mit der neuzeitlichen Beschränkung auf das Geltungsproblem in bezug auf die beiden Bereiche des Seins und des Sollens die Handlungs- und Redezusammenhänge grundsätzlich nicht mehr als Können, sondern nur noch als Medium des Erkennens beachtet werden. Wir hatten schon bemerkt,[11] daß selbst Herder sich trotz besserer Einsicht vom dadurch hervorgerufenen Sprachgebrauch nicht gelöst hat: Freiheit und Vernunft korrespondieren den 'wollenden' und 'erkennenden' Kräften, statt als Titel für die in Handlungszusammenhängen und Redezusammenhängen immerfort unternommene Selbstbestimmung ausdrücklich *auch*, wie bei ihm erläutert, Erwerb und Weitergabe von Fertigkeiten einerseits sowie Einübung und Erweiterung sinnlicher Erfahrung andererseits zu charakterisieren. Nur so wurde in beiden Fällen, unter dem Gesichtspunkt der 'Produktion' und dem der 'Organisation', begreiflich, daß der Mensch zugleich Mängelwesen und Fähigkeitswesen ist und darüber hinaus Freiheit (der Handlung) nicht bloß ans Individuum und Vernunft (der Rede) nicht bloß an die Gattung gebunden werden darf.

[11] Vgl. S. 69.

Kant ist anders verfahren: Er hat, wie wir schon im ersten Kapitel auseinandergesetzt haben,[12] Freiheit und Vernunft im transzendentalen Subjekt zusammengebunden, die Fähigkeit zur Vernunft als Wissen um die Zugehörigkeit zum Reich der Freiheit verstanden, so daß in dieser keiner äußeren oder inneren Erfahrung zugänglichen Eigenschaft ein Mensch als 'Urheber von Handlungen' auftritt, nämlich – so erläutert Kant den Handlungsbegriff – von Ereignissen, die nicht bloß Wirkungen im Sinne natürlicher Ursache-Wirkungs-Ketten sind. Solche „von der Nötigung durch Antriebe der Sinnlichkeit“[13] freien Handlungen nennt Kant im selben Zusammenhang ‹Selbstbestimmungen›, und man sieht, daß dieser vom Sollen und nicht vom Können hergeleitete Begriff der Selbstbestimmung von jeder Erkenntnis des Abhängigseins von den Kräften und Einflüssen der Natur wie von jeder Erfahrung des Bedingtseins durch Traditionen und Forderungen der jeweiligen Gesellschaft gereinigt wurde, eben weil das transzendentale Subjekt, ein Mensch 'als Person', des Zusammenhanges mit empirischen Subjekten beraubt ist. Da hilft es auch nicht viel, wenn Friedrich Kambartel (*1935) in einer systematischen Rekonstruktion einschlägiger kantischer Argumentationen[14] jenseits einer 'Freiheit von der Natur', das heißt: eine Person tritt als *Anfang* einer kausalen Ursache-Wirkungs-Kette auf ('frei von Zwang'), und einer 'Freiheit von Herrschaft', das heißt: eine Person tritt als *Ende* einer intentionalen Mittel-Zweck-Kette auf ('frei von Gewalt'), noch eine als Transsubjektivität charakterisierte 'Freiheit von sich selbst' hinzufügt, die dem bei Kant nicht thematisierten und von ihm auch nicht thematisierbaren Übergang vom empirischen zum transzendentalen Subjekt entspricht, weil *niemand* in Handlungs- und Redezusammenhänge mit *jedem* anderen Menschen eintreten kann.

Die in immer neuen Handlungs- und Redezusammenhängen als ein Können entdeckte menschliche Selbständigkeit *gegenüber* diesen Situationen darf gerade nicht in ein vermeintliches Erkennen naturaler oder kulturaler Freiheit umgedeutet werden, weil sonst die Freiheit, *kraft deren* wir handeln und reden (= Freiheit, anthropolo-

[12] Vgl. S. 41–44.

[13] Kritik der reinen Vernunft B 562.

[14] Kambartel 1978; ein ähnlicher Dreischritt, von einem 'Naturzustand' über einen 'gesellschaftlichen Zustand' zu einem 'sittlichen Zustand', liegt, in Verbindung mit einer Anknüpfung an Kamlah 1972, der Darstellung von Kern / Wittig 1985 zugrunde.

gisch verstanden), mit Freiheiten, *über* die man redet (=Freiheit, kosmologisch verstanden),[15] verwechselt worden ist. Aber natürlich wußte Kant, daß Freiheit als *Gegenstand* der Rede – und er spricht dann auch von Freiheit „im kosmologischen Verstande"[16] – nur ein begrifflicher Gegenstand sein kann, dessen Erfülltsein in der Wirklichkeit im übrigen unbeweisbar bleibt. Der anthropologisch verstandenen Freiheit hat Camus unter dem Titel ‹La liberté absurde› [Die absurde Freiheit] einen ganzen Abschnitt seines Essays ›Le Mythe de Sisyphe‹ gewidmet und ausführlich beschrieben, wie die Erfahrung des Absurden, daß nämlich weder Natur noch Geschichte einen anderen Sinn haben als den, der sich ihnen in der Spanne Lebens eines jeden denkend und handelnd abtrotzen läßt, zur Bloßstellung des Scheins naturaler und kulturaler Freiheit – es gibt weder einen Anfang kausaler Ursache-Wirkungs-Ketten noch ein Ende intentionaler Mittel-Zweck-Ketten – und *dadurch* zum Wissen um Freiheit als Vermögen der Selbstbestimmung führt: «Savoir si l'homme est libre me n'intéresse pas. Je ne puis éprouver que ma propre liberté. Sur elle, je ne puis avoir de notions générales, mais quelques aperçus clairs [...]. La seule que je connaisse, c'est la liberté d'esprit et d'action.»[17] [Zu wissen, ob der Mensch frei ist, interessiert mich nicht. Ich kann nur meine eigene Freiheit beweisen. Über sie kann ich keine allgemeinen Begriffe bilden, lediglich einige kurze Bemerkungen machen (...). Die einzige Freiheit, die ich kenne, ist die des Geistes und des Handelns.] Den alten Titel ‹Vernunft› für die Freiheit der Selbstbestimmung kann Camus deshalb, weil Vernunft, wie geschildert, schrittweise von einem Vermögen in einen Gegenstand der Erkenntnis verwandelt wurde, nicht brauchen; er wird von ihm, wie wir schon gesehen haben, für den angeblich vorhandenen Sinn in der Geschichte verwendet.[18]

Achtet man daher wieder auf die in Vergessenheit geratene Zusammengehörigkeit beider tradierter Selbstbestimmungen des Menschen, als *animal sociale* und als *animal rationale*, und ersetzt daraufhin die kantische Erklärung der Fähigkeit zur Vernunft gerade umgekehrt durch Wissen um die Zugehörigkeit zum Reich der

[15] Vgl. die damit verwandte Erörterung zur Objektivierung des Subjekts, S. 46 f.

[16] Kritik der reinen Vernunft B 561.

[17] ES, S. 139 f.

[18] In größerem Zusammenhang habe ich die einschlägigen Überlegungen von Camus auseinandergesetzt in Lorenz 1978.

Natur,[19] also durch (beschränktes) Erkennen der naturalen Abhängigkeiten und (ebenfalls beschränktes) Erfahren der kulturalen Bedingtheiten, so wird die Fähigkeit zur Gemeinschaft im (begrenzten) Kompensieren-Können naturaler Abhängigkeiten und im (wiederum begrenzten) Sich-zur-Wehr-setzen-Können gegen kulturale Bedingtheiten wirklich. Dem Können ist an der Seite des Erkennens wieder ein eigenständiger Platz eingeräumt.

Zugleich wird damit die von Scheler in der platonisch-aristotelischen Tradition vertretene Auszeichnung *des* Menschen durch das 'Prinzip Geist', nämlich als 'existentielle Entbundenheit vom Organischen' und damit von allem, was zum Leben gehört,[20] terminologisch als *Weltoffenheit* oder Fähigkeit zu 'vollendeter Sachlichkeit' gefaßt, aufgrund der Beschränkungen, die in den Perspektiven der verschiedenen Personen und Gruppenindividuen zutage treten, korrigiert. Im Wissen um die Zugehörigkeit zum Reich der Natur werden die Grenzen des Könnens als *Umweltbindung* unter Einschluß der Bindung an meine psychophysische (und nicht nur körperliche) Verfassung sichtbar. Auch die Weltoffenheit ist keine schlichte oder 'positive' Selbstbestimmung (sie müßte denn allein dem allgemeinen Ich, einer Person bloß als Vertreter der Gattung und damit einem 'reinen Bewußtsein', zugeschrieben sein), sondern eine 'Reflexionsbestimmung', nämlich die Bezeichnung für das Vermögen, in immer neue Umwelten eintreten und damit Bindungen ändern zu können. Die Welt gibt es nur als Idee der Einheit aller Folgen von Situationen und niemals als 'fertigen' Gegenstand.

Ein Versuch, gleichwohl von einer für die Gattung Mensch, ähnlich wie für andere Tierarten, typischen Umwelt, eben der Welt im ganzen, zu reden, würde so verfahren, als ließen sich im Zuge des Wechsels der Situationen für Individuen die von ihnen getroffenen 'neuen' Unterscheidungen und Beurteilungen ein für allemal vorwegnehmen. Unter raumzeitlichem Aspekt läge 'ewige' Gegenwart, die Allgegenwart einer unwandelbaren Situation vor, und der

[19] Vgl. den Aufbau einer philosophischen Anthropologie bei Mary Maxwell 1984, die konsequent als Reflexion auf den durchgängig in natürlicher Evolution 'entstandenen' Menschen konzipiert ist und so eine Antwort auf die Frage "what it means to be a member of our species" (a. a. O., Preface) zu geben versucht; allerdings ist die durch Objektivierung der Selbsttätigkeit erzeugte Unterscheidung der 'Natur' in naturale *und* kulturale Zusammenhänge dabei unterschlagen.

[20] Vgl. Scheler 1928, S. 38, im Zusammenhang zitiert in der Einleitung, S. 4.

Mensch wäre um seine Geschichte, den Kulturprozeß seiner Verwandlung der Natur, ja sogar die Entdeckung der Unterschiedenheit zwischem dem Von-selbst-Entstandenen und dem Selbsterzeugten betrogen.

Der Nachweis artspezifischer Umwelten geht auf die Forschungen des Zoologen Jakob von Uexküll (1864–1944) zurück[21] und ist in der Kulturanthropologie häufig und erfolgreich auf die Bestimmung kultureller Einheiten durch einen für die fragliche Gruppe spezifischen Mensch-Umwelt-Zusammenhang übertragen worden. Allerdings handelt es sich in diesen Fällen um vom jeweiligen Forscher aufgrund kausaler Ursache-Wirkungs-Zusammenhänge vorgenommene Bestimmungen[22] oder aber um von ihm unter Aufdecken intentionaler Mittel-Zweck-Zusammenhänge (d. h. 'hermeneutisch') ermittelte (positive) Selbstbestimmungen,[23] nicht aber um eine den Forscher und seinen Gegenstand in eine teilweise gemeinsame Situation überführende (reflexive) Selbstbestimmung. Mit einem solchen reflexiven Verständnis von Selbstbestimmung unter Bezug auf das besondere, gern auch 'dialektisch' genannte[24] Verhältnis zwischen Umweltbindung und Weltoffenheit – in bildlicher Rede könnte man den Übergang von einer Bindung in eine neue einen 'offenen' Weg nennen, weil die neue Bindung, bevor man sie eingeht, gerade unbekannt ist – setzen die schon in der Einleitung zitierten[25] anthropologischen Überlegungen von Buber und Flam ein. Im Rhythmus von 'Behaustheit' und 'Hauslosigkeit' wurzelt die niemals übertragbare Entdeckung menschlicher Selbständigkeit.

3.2 *Können und Erkennen*

Wieder ist es Camus, bei dem dieser Rhythmus in seinen Folgen für den Zusammenhang von Können und Erkennen, einschränkend zugespitzt auf 'praktisches' Können und 'theoretisches' Erkennen oder Wissen, wie sie 'nach außen' handelnd und 'nach innen' denkend erfahren werden, eine besonders prägnante Darstellung gefunden hat. War die Erfahrung des Absurden im begrifflichen Rah-

[21] Vgl. Uexküll ²1921 sowie Uexküll ²1928.

[22] Vgl. Nitschke 1973.

[23] Vgl. Rothacker 1927.

[24] Vgl. Habermas 1958, S. 32.

[25] Vgl. S. 11 f.

men, wie er am Ende des zweiten Kapitels bereitgestellt worden ist,[26] scheinbar ein (theoretisches) Hinnehmen der Verhaltensabhängigkeiten, so decken die daran anschließenden Argumentationen auf, daß diese Erfahrung nur im Aufbegehren gegen das Absurde gemacht werden kann, die Hinnahme der Abhängigkeiten also nur die Kehrseite des (praktischen) Ausbildens der gegen sie gerichteten Handlungsspielräume ist.[27] Dies aber nennt Camus die Erfahrung der Revolte, die ihrerseits nur dann nicht verraten wird, wenn man sich über ihren nur begrenzten Erfolg keine Illusionen macht, auch sie daher als absurd begriffen wird. Camus resümiert: « C'est la révolte qui est la mesure. »[28] [Die Revolte ist das Maß.] Zur Darstellung des Zusammenhangs zwischen Absurdsein, Revoltieren und Maßhalten bedient sich Camus dreier antiker Mythen, des Mythos von Sisyphos für die Erfahrung des Absurden, des Mythos von Prometheus für die Erfahrung der Revolte und des Mythos von Nemesis für die Erfahrung des Maßes.

« Sisyphe est le héros absurde »[29] [Sisyphos ist der Held des Absurden], schreibt Camus, ausgezeichnet durch seine Gleichgültigkeit (*l'indifférence*) gegenüber seinem Schicksal. Deshalb interessiert sich Camus für Sisyphos', des Odysseus wahren Vater, Klugheit, die er gegen die Götter einsetzt, als er den Tod überlistet, nicht mit Gewalt wie Herakles, der es für andere tut, und auch nicht durch Kunst wie Orpheus, der es für sich tut. Sisyphos gelingt es mit List allein und wohl deshalb sogar zweimal: einmal für alle, indem er den Tod fesselt, so daß keiner mehr sterben kann, bis Ares, der Kriegsgott, den Tod wieder befreit, und ein zweites Mal für sich, indem er, als er sterben soll, sein Weib bittet, die üblichen Opfer an Hades zu unterlassen, so daß dieser ihn aus der Unterwelt wieder hochschickt, damit er die Opfer einfordere, er aber oben bleibt und lebenssatt erst stirbt, als Hermes ihn gewaltsam in die Unterwelt zurückbringt. Die Strafe der Götter liegt dort für Sisyphos bereit: die endlose Wiederholung der qualvollen Aufgabe, einen riesigen Stein auf einen Gipfel zu wälzen, von dem er sofort wieder hinabrollt.

Absurd ist: nicht aufhören, dort einen Sinn zu suchen, wo es ihn

[26] Vgl. S. 77 ff.

[27] « L'absurde n'a de sens que dans la mesure où l'on n'y consent pas. » [Das Absurde hat nur insoweit einen Sinn, als man sich mit ihm nicht einverstanden erklärt.] Le Mythe de Sisyphe, ES, S. 121.

[28] ES, S. 704.

[29] ES, S. 196.

nicht gibt, und dies im vollen Bewußtsein der Vergeblichkeit zu tun. Es geht darum, sich über die Reichweite der eigenen Kräfte keine Illusionen zu machen und zugleich diese Einsicht nicht preiszugeben, also leben zu wollen trotz des Wissens um das Sterbenmüssen. Sisyphos hat im Mythos so gelebt, gegen den Tod, natürlich im Wissen, daß seiner List kein endgültiger Erfolg beschieden sein wird, wohl aber hat er ein begrenztes, in seinem Sinn sich darauf auch beschränkendes Leben gewonnen.

Was als Strafe in der Unterwelt geschildert wird, ist nur die Spiegelung der Ereignisse in der Oberwelt, allerdings so, daß aus dem 'einzelnen' Sisyphos oben ein 'allgemeiner' Sisyphos unten, das ganze Menschengeschlecht als mythische Gestalt, gemacht wird. Das Hinaufwälzen des Steines, das ist die Überlistung des Todes; das Hinunterrollen, das ist des Todes Wiederfreikommen. Die Strafe also besteht darin, daß der einzelne seiner Sterblichkeit wegen der Stellvertreter aller sein muß, ihn das Verlangen nach einem Sinn des Ganzen auszeichnet, obwohl er aus demselben Grund, ein raumzeitlich begrenztes Einzelnes zu sein, diese Stellvertretung nie erfüllen, höchstens sich anmaßen kann – und muß. Diese Diskrepanz besteht nur, insofern man um sie weiß – und das zu verleugnen, die Anmaßung nicht als Anmaßung anzuerkennen, macht die große Versuchung aus, der Philosophen wie Dichter, Wissenschaftler wie Künstler, Priester wie Politiker immer wieder erliegen.

Dieser Versuchung standzuhalten, die 'Strafe' zu akzeptieren, und das heißt zugleich, der Anmaßung ein Maßhalten entgegenzusetzen, beraubt die Strafe ihres Charakters als Bestrafung, macht einen Menschen erst zum Menschen. Camus erklärt, daß ihn Sisyphos während des Abstiegs in der Pause zwischen zwei Anstrengungen interessiere. Während dieser Pause weiß Sisyphos um sein Schicksal und ist ihm deshalb überlegen: « La clairvoyance qui devait faire son tourment consomme du même coup sa victoire. Il n'est pas de destin qui ne se surmonte par le mépris [...]. Il faut imaginer Sisyphe heureux. »[30] [Die Hellsicht, die seine Qual bewirken sollte, vollendet zugleich seinen Sieg. Es gibt kein Schicksal, das durch Verachtung nicht überwunden werden kann (...). Man muß sich Sisyphos glücklich vorstellen.]

Es fehlt noch eine genauere Erläuterung, wie das Wissen um die sowohl unausweichliche als auch fruchtlose Anmaßung seine Kehrseite in der ebenso absurden Anstrengung, Maß zu halten, hat. Ein

[30] ES, S. 196 ff.

Wissen geht nur theoretisch seinen praktischen Konsequenzen voraus, und deshalb folgt die Erfahrung der Revolte der Erfahrung des Absurden lediglich in der Darstellung, auch bei Camus. Praktisch erscheint es als Begreifen dessen, was man gerade getan hat. Im Vollzug der Rebellion gegen das Absurde wird die Diskrepanz zwischen Anspruch und Erfüllung erst entdeckt.

Was im Mythos von Sisyphos vom Wissen her gestaltet ist, bekommt im Mythos von Prometheus seine Gestalt vom Können her. Der Titan Prometheus, Vetter des Zeus, ist nach der einen Überlieferung der Stammvater der Menschen, nach einer anderen ein Freund der Menschen; er stiehlt für sie das göttliche Feuer, ein Zeichen der theoretischen und praktischen Vernunft, weil sie ohne es sterben müßten, das ihnen aber vorenthalten war, weil sie mit seiner Hilfe freveln würden. Zeus' Strafe ist bekannt: Prometheus wird an einen Felsen gefesselt, und Zeus' Adler frißt tags an seiner Leber, Sitz der Leidenschaften nach antiker Überzeugung, die nachts wieder nachwächst. Zeus läßt ihn erst wieder frei, als Prometheus sein geheimes Wissen, wie Zeus entthront werden kann, also wie die Alleinherrschaft – bei Aischylos die Gewalt – der Vernunft zu ihrem Scheitern führen muß, offenbart. Indem Prometheus bewußtmacht, daß das Verlangen, einen durchweg sinnvollen Zusammenhang zu errichten, unerfüllbar ist, also absurd, unterstellt er die Vernunft einem Maß. Als eine begrenzte Vernunft erst, von der Göttin des gerechten Zorns gegen Maßlosigkeit, Nemesis (einer Tochter der Nacht wie die Schicksalsgöttinnen, die Moiren, auch), bewacht, ist sie menschlich. Ebenso verständlich wird jetzt, daß sich im Mythos Nemesis den Nachstellungen Zeus' entziehen, mit ihm nicht Schönheit, Ordnung und deren Verwirklichungen in Musik und Sprache zeugen will – Vernunft allein kann ihre eigene Begrenzung nicht hervorbringen; durch Gewalt erst kommt die Verbindung zustande. Ihr entstammt Helena, die Ursache des mörderischen Bruderkrieges vor Troja.

Prometheus als der Held der Revolte ist durch seine Liebe (*l'amour*) den Menschen gegenüber ausgezeichnet. Der Revoltierende nämlich handelt und findet sich als Handelnder inmitten anderer vor, die er in der Revolte als seinesgleichen erkennen kann. Für Momente gelingt es, handelnd sich mit anderen zu identifizieren und so eine gemeinsame Basis zu finden. In der Revolte handelt der Mensch einen Spielraum aus, der nicht mehr bloß sein eigener ist. Er erkennt seine Einsamkeit als eine allen gemeinsame Situation, die zu akzeptieren sie sich – je für sich und so gemeinsam – weigern.

Die Revolte läßt sich nur in der Begrenzung aufrechterhalten. In ihr werden Freiheit und Gerechtigkeit gegenseitig begrenzt: Freiheit als individuelle Selbständigkeit, die in der Erprobung des Aufstands gegen das Absurde erfahren wird (Sisyphos *oben*, gleichwertig mit Prometheus als *Handelndem*, wie im ‹Feuerträger Prometheus›, Titel des vermutlich ersten Teils von Aischylos' ›Prometheia‹-Trilogie), und Gerechtigkeit als Beharren auf einem gemeinsamen, keinen Einzelnen auszeichnenden Aufstand (Sisyphos *unten*, gleichwertig mit Prometheus als *Wissendem* wie in ‹Der gefesselte Prometheus›, Titel des erhaltenen, vermutlich zweiten Teils der ›Prometheia‹).

Mißachtete der Anspruch, daß es allein berechtigt ist, eine *gemeinsame* Sache zu verfolgen, das Wissen um seine nur begrenzte Erfüllbarkeit – die Situationen eines jeden sind in handlungsrelevanten Zügen stets sowohl gleich als auch verschieden –, so wäre die Freiheit des Einzelnen von der Durchsetzung einer allgemeinen Gerechtigkeit, dem 'Terror der Vernunft', bedroht, und umgekehrt würde die Verletzung der Grenzen je eigener Selbständigkeit eine allgemeine Freiheit fordern und damit ein 'Recht des Stärkeren' billigen, das den Anspruch des Einzelnen auf Gerechtigkeit gefährdete.

Camus erklärt:

Si la limite découverte par la révolte transfigure tout; si toute pensée, toute action que dépasse un certain point se nie elle-même, il y a en effet une mesure des choses et de l'homme [...]. J'ai besoin des autres qui ont besoin de moi et de chacun. Chaque action collective, chaque société suppose une discipline et l'individu, sans cette loi, n'est qu'un étranger ployant sous le poids d'une collectivité ennemie. Mais société et discipline perdent leur direction si elles nient le ‹Nous sommes›. À moi seul, dans un sens, je supporte la dignité commune que je ne puis laisser ravaler en moi, ni dans les autres.[31]

[Wenn die von der Revolte entdeckte Grenze alles verwandelt, wenn jedes Denken, jedes Handeln, das einen gewissen Punkt übersteigt, sich selbst verneint, so gibt es tatsächlich ein Maß der Dinge und des Menschen (...). Ich brauche die anderen, und sie brauchen mich und einen jeden. Jedes gemeinschaftliche Handeln, jede Gesellschaft setzt eine Disziplin voraus; ohne dieses Gesetz ist das Individuum nur ein Fremdling, der vom Gewicht einer feindlichen Gemeinschaft niedergebeugt wird. Doch Gesellschaft und Disziplin werden richtungslos, wenn sie das ‹Wir sind› leugnen. In gewissem Sinn trage ich allein die gemeinsame Würde, die ich weder in mir noch in anderen schmälern lassen kann.]

[31] ES, S. 697, 700.

Das menschliche Maß ist nicht etwa vorab fixiert, vielmehr ist es in der Revolte gegen deren stets bereitliegende Tendenz zur Maßlosigkeit erst herzustellen. Nemesis ist die Hüterin dieses Maßes, ganz im Einklang mit der Vermutung einiger Gelehrter, daß im dritten Teil von Aischylos' ›Prometheia‹, dem ebenfalls nur in Bruchstücken erhaltenen ‹Der befreite Prometheus›, Prometheus auf dem Weg zu seiner Lösung von Aidos, der Scham, und Nemesis begleitet wird. Dies würde, im Einklang mit der vorgeschlagenen Deutung, der Begleitung von Prometheus durch Gewalt (Bia) und Kraft (Kratos) auf dem Weg zu seiner Fesselung im zweiten Teil der ›Prometheia‹ entsprechen.

Der von der Revolte nicht ein für allemal, sondern stets erneut eroberte, überaus verletzliche menschliche Spielraum beweist, daß für den Menschen Handlungen und Gedanken sinnvoll nur in dem ihm zugehörigen 'mittleren Bereich' möglich sind. Das in diesem Spielraum gewonnene Gleichgewicht ist kein Zustand, sondern ein labiler Prozeß, stets in der Gefahr zu entgleisen und immer umkämpft.

Macht man sich nun klar, daß im so charakterisierten 'dialogischen' Spielraum der Handlungs- und Redezusammenhänge zunächst einmal der Handlungsanteil als verbindend, der Redeanteil als trennend erfahren wird, und bleibt man bei einer derartigen Gegenüberstellung von 'objektiver Außenansicht' und 'subjektiver Innenansicht' stehen, so wird der Handlungsanteil auf Verhalten (*behaviour*) und der Redeanteil auf Ausdruck (*expression*) eingeschränkt; geht man indessen weiter, so treten, insofern auch jedes Handeln sich verstehen läßt und daher 'beredt' ist, ebenso wie jedes Reden als ein Handeln von Absichten geleitet und mit Wirkungen ausgestattet verläuft, im Redeanteil auch die verbindenden, im Handlungsanteil auch die trennenden Momente hervor – die 'objektive Bedeutung' einer Rede und der 'subjektive Sinn' einer Handlung[32] –, und wir sehen schließlich, daß es Abgrenzung und Verbundenheit zwischen Menschen nur jeweils auf der Folie von Übereinstimmung und Unterschiedenheit geben kann.

Das (sinnliche) Erkennen der eigenen Perspektive in der Gemeinsamkeit des miteinander Handelns und Redens verwirklicht gegenseitige Abgrenzung der Subjekte in Gestalt einer schrittweisen Aus-

[32] Die Bedeutungsbestimmung von Redeeinheiten müßte sich in diesem Kontext an der Festlegung von Bedeutungen im Sinne der Pragmatischen Maxime bei Peirce orientieren, vgl. Scherer 1984; die Sinnbestimmung von Handlungseinheiten hingegen hätte hier den Vorschlägen von Max Weber nahe zu bleiben, vgl. Weber ²1966.

prägung von Individualität. Hingegen ermöglicht das damit einhergehende (begriffliche) Erkennen, daß jeder vor der gleichen Chance und Aufgabe 'seiner' Selbstbestimmung steht, gegenseitige Verbundenheit der Subjekte in Gestalt einer ebenso schrittweisen Entwicklung von Sozialität. Im geteilten und damit gegenseitig anerkannten Wissen um die Verschiedenheit der Subjekte ist ihre in einem gemeinsamen Handeln und Reden vollzogene begrenzte Gleichheit oder 'Solidarität' – die Antike sprach an dieser Stelle von der φιλία der Bürger einer Polis – begriffen.[33]

Camus drückt dies so aus, daß in der Revolte gegen die Absurdität des Alleinseins die Einsamkeit als eine allen gemeinsame Situation erfahren wird.[34] Dabei haben entwicklungspsychologische Studien zur Verschiedenheit der Geschlechter ergeben, daß der Schritt vom vollzogenen Wissen um die Ich-Erfahrung, vom Ich-Sagen in der frühen Kindheit, zum vergegenständlichten Wissen um die Ich-Erfahrung, zum Ich-Erleiden in der Pubertät, beim Jungen grundsätzlich von einem Selbstverständnis durch Abgrenzung zum Lernen von Sozialität (das heißt Lernen, nicht alles zu tun, was man selber möchte) führt, während es beim Mädchen ebenso grundsätzlich von einem Selbstverständnis durch Verbundenheit in ein Lernen von Individualität (das heißt Lernen, die eigene Antwort auf das zu finden, was die anderen von einem selbst möchten) mündet.[35]

Jetzt läßt sich auch die Differenz neu charakterisieren, die zwischen einem positiven und einem reflexiven Verständnis der beiden Selbstbestimmungen als *animal sociale* und *animal rationale* besteht. Wir hatten schon im ersten Kapitel auf die Beobachtung von Hannah Arendt aufmerksam gemacht, daß mit der lateinischen Übersetzung von ‹πολιτικόν› in ‹sociale› die Tendenz verbunden war, die reflexive, eine Selbstzuschreibung ausdrückende Bestimmung ‹gemeinschaftbildend› in die positive, das Vorliegen einer Eigenschaft beschreibende Bestimmung ‹gesellschaftlich/sozial› zu verwandeln. Wird im ersten Fall Verbundenheit, eine Gleichheit der Reflexionsstufe, artikuliert, so liegt im zweiten Fall eine Beschreibung des Eingebundenseins in intentionale Mittel-Zweck-Zusammenhänge und in kausale Ursache-Wirkungs-Zusammenhänge vor, also der

[33] „Der Freund ist ein anderes [ich-]Selbst." Aristoteles, Eth. Nic. 1066 a 31 f.; ausgezeichnete historische Analysen in diesem Rahmen, unter ausdrücklicher Berücksichtigung der Akzentverschiebung von der Sozialität zur Individualität, finden sich bei Elias 1987.

[34] Vgl. ‹L'homme révolté›, ES, S. 431 f.

[35] Vgl. Gilligan 1982.

Menschen als kulturale und naturale Objekte, wie sie von den Disziplinen der Kultur-Anthropologie und der physischen Anthropologie untersucht werden. Ganz entsprechend artikuliert die reflexive Bestimmung ‹vernünftig› gegenseitige Abgrenzung, eine Verschiedenheit der Reflexionsstufe, nämlich die Fähigkeit zur Selbstbestimmung, wie sie sich nur in Distanzierung, in der Entwicklung einer Perspektive, auch sich selbst gegenüber, verwirklichen läßt, während ‹vernünftig› als positive Bestimmung die Ausstattung mit dem Vermögen zu 'vollendeter Sachlichkeit' beschreibt, also die Eigenschaft, durch Ausblenden der je individuellen Perspektive den Platz mit jedem anderen Menschen folgenlos für das Handeln und Reden tauschen, mithin als 'allgemeines Ich' auftreten zu können.

Auf der Ebene der positiven Bestimmungen erhalten wir den Gegensatz ‹individuell – allgemein›: die Menschen als individuelle (naturale und kulturale[36]) Objekte und der Mensch als allgemeines Objekt, als 'Gattungswesen'. Der Gegensatz ‹sozial – individuell› hingegen, allerdings unter sorgfältiger Beachtung der Zweideutigkeit von ‹sozial›, liegt auf der Ebene der reflexiven Bestimmungen: Die Menschen verstehen sich als sozial aufeinander bezogene individuelle Subjekte. Von einem allgemeinen Subjekt zu reden, wie es in der neuzeitlichen Tradition, aber auch schon früher, wie wir im ersten Kapitel gesehen haben, aufgrund einer Objektivierung des Subjekts verlangt worden ist, ergibt keinen Sinn. Ein zum Gegenstand gemachtes Subjekt ist keines mehr – ebensowenig wie eine zum Gegenstand gemachte Aussage noch eine Aussage ist.[37]

3.3 *Die Subjekt-Objekt-Spaltung*

Allerdings ist es wichtig, nicht zu übersehen, daß in der durch den Dualismus der cartesischen Tradition bestimmten Thematisierung

[36] Je nachdem, wie eine Sozialwissenschaft methodisch vorgeht, kann hier entweder für ‹natural› oder für ‹kultural› auch ‹sozial› eingesetzt werden; für die methodologische Reflexion zur Unterscheidung einer 'naturwissenschaftlichen' und einer 'kulturwissenschaftlichen' Sozialwissenschaft noch immer vorbildlich der mit Vorschlägen zur Überwindung dieser Spaltung in einer 'strukturalistischen' Sozialwissenschaft verbundene Sammelband Parsons / Shils 1951; vgl. Schluchter 1979.

[37] So Wittgenstein prägnant und für seine Zeitgenossen anstößig, weil sie darin zu Unrecht die Leugnung der Existenz einer Metasprache gesehen haben, in seinem ›Tractatus‹ (1922), 4.12 ff.

des Subjekts, auch dort, wo gegen ihn 'identitätsphilosophisch' argumentiert wird – in der *res extensa* und *res cogitans*, Natur und Geist, ästhetisch vereinigenden Philosophie Friedrich Wilhelm Joseph Schellings (1775–1854) zum Beispiel[38] –, unter Subjekt nicht nur die in der kantischen Transzendentalphilosophie vom transzendentalen Ich übernommene bloße Subjektfunktion oder, in der von der Philosophie Hegels abhängigen Tradition, deren durch Einbettung in historische Entwicklungen heraufbeschworene Vergegenständlichung als 'objektiver Geist' verstanden worden ist. Auch vom Subjekt als empirisch zugänglichem Gegenstand innerer oder äußerer Erfahrung, als 'Bewußtsein' bzw. 'subjektivem Geist' oder 'menschlichem Verhalten', und zwar sowohl individuell, eben als kulturalem Objekt – insbesondere in der Philosophie des Historismus – oder als naturalem Objekt – insbesondere in der Philosophie des Pragmatismus –, wie allgemein, als kulturalem oder naturalem Gattungswesen, etwa in der marxistischen Philosophie, ist dabei die Rede. Gleichwohl wird mit der Bezeichnung ‹Subjekt-Objekt-Spaltung› in der Regel auf die sowohl für die einzelnen Menschen wie für die ganze Gattung vorgenommene Zerlegung in ein kulturales und ein naturales Objekt und damit in die scheinbar streng geschiedenen Bereiche intentionaler und kausaler Zusammenhänge angespielt, ohne noch einmal auf den ursprünglichen Sinn der Unterscheidung zwischen Selbsterzeugtem und Von-selbst-Entstandenem zurückzugehen, bei dem ‹selbsterzeugt› gerade noch nicht zu einer bloß positiven Eigenschaft, die man feststellen kann, objektiviert worden ist.

Sogar ganze Disziplinen treten in diesem Sinne gespalten auf. Die zuerst von Dilthey vorgenommene Gegenüberstellung einer kausalistischen (d. h. 'erklärenden') mit einer intentionalistischen (d. h. 'beschreibenden', nämlich ein Ganzes zergliedernd verstehenden) Psychologie, also einer naturwissenschaftlichen mit einer kulturwissenschaftlichen Disziplin,[39] hat zu einer ausgedehnten zeitgenössischen methodologischen Debatte über Erklären und Verstehen geführt,[40] ohne daß deshalb die Tendenz, empirischen Disziplinen

[38] Vgl. Frank 1985.

[39] Vgl. Dilthey 1894; zur analogen Differenz in den Sozialwissenschaften, vgl. Anm. 36.

[40] Vgl. die insbes. durch das Buch von v. Wright 1971 ausgelöste Auseinandersetzung um 'logisches' und 'hermeneutisches' Verfahren als den definierenden Merkmalen von jeweils Natur- und Geisteswissenschaften, wie

nur insoweit einen wissenschaftlichen Charakter zuzubilligen, als es ihnen um die Ermittlung von Ursache-Wirkungs-Zusammenhängen geht, abgestoppt worden wäre. Die damit ausschließlich einer historischen, am Einzelfall, und sei er auch eine ganze Epoche, orientierten und nicht einer systematischen, an allgemeinen Zusammenhängen orientierten Betrachtungsweise zugewiesene Zweck-Mittel-Methodologie ist, entgegen der bis auf Aristoteles zurückgehenden Überzeugung, auch teleologische Verfahren seien systematische, nämlich gerade die für Lebensvorgänge bis hin zum Selbstbewußtsein als natürlicher Ausstattung angemessenen Untersuchungsweisen, aus dem Kreis der eigentlichen wissenschaftlichen Verfahren ausgeschieden, sieht man von dem einflußreichen Versuch ab, Intentionen wie eine besondere Art von Ursachen anzusehen.[41] Auch die Kulturwissenschaften haben sich dieser Auffassung zufolge als an kausalen Zusammenhängen orientiert zu begreifen.

War behavioristische Psychologie ursprünglich noch ein Versuch, auf die in einen Zweck-Mittel-Kontext gehörenden Beschreibungsmittel – und dazu gehört dann der gesamte Bereich der *res cogitans*, so wie er im Disput um den Zusammenhang von Leib und Seele (*mind and body*) auftritt – gänzlich zu verzichten, indem man beanspruchte, alle mit ihrer Hilfe ausgedrückten Phänomene gleichwertig auch ohne sie wiedergeben zu können, so wird sie von der neu entwickelten kognitiven Psychologie deswegen als widerlegbar angesehen, weil sich auch für den mentalen Bereich eine streng kausalistische Behandlungsweise durchsetzen lasse, die insgesamt auf andere Ursache-Wirkungs-Zusammenhänge führe, als sie sich bei einer Beschränkung auf den körperlichen Bereich ergeben.[42]

In diesem Kontext nun stehen auch Plessners anthropologische Schriften, insofern er es als seine Hauptaufgabe ansieht, den im 'radikalen Dualismus' verewigten Doppelaspekt lebendiger Körper, ihren Außen- und Innenaspekt, durch Thematisierung der 'Grenze' im Sinne eines Prozesses der Trennung (Begrenzung) und Verbindung (Grenzübergang) und damit einer Vermittlung von Außen und Innen in den Begriff einer Einheit beider Aspekte zu verwandeln:

sie gut dokumentiert vorliegen, z. B. in Apel / Manninen / Tuomela 1978, und Apel 1979.

[41] Vgl. Davidson 1980.

[42] Der gegenwärtige Diskussionsstand, allerdings ohne Bezug auf die methodologische Kontroverse um Kausalität und Intentionalität, wird dargestellt und beurteilt in Carrier / Mittelstraß 1989.

Nicht auf die Überwindung des Doppelaspekts als eines (unwidersprechlichen) Phänomens, sondern auf die Beseitigung seiner Fundamentalisierung, seines Einflusses auf die Fragestellung ist es im folgenden abgesehen. Nur auf die Entkräftung dieses Doppelaspekts als eines [...] *zerreißenden Prinzips* kommt alles an.[43]

Die Vermittlung soll dabei durch Überführung der 'passiven' Beziehung zwischen Organismus und Umwelt, wie sie aufgrund der sensorischen Organisation eines Organismus besteht, in eine 'aktive', von der motorischen Organisation hergestellte Beziehung gelingen und zum Ausgleich in einer Einheit des Ganzen vermöge eines das 'Verhalten' regierenden 'Zentralorgans' führen:

Der Körper ist die Zwischenschicht zwischen dem Lebendigen und dem Medium geworden [...], der Organismus [ist] auf ein höheres Seinsniveau gelangt, das mit dem vom eigenen Körper eingenommenen nicht in gleicher Ebene liegt. Er ist die [...] Einheit des Körpers, welcher [...] von der zentralen Repräsentation abhängt. Sein Körper ist sein *Leib* geworden [...], dadurch das Lebenssubjekt mit dem *Umfeld* zusammenhängt.[44]

Plessner nennt diese von einem Beobachter des Verhaltens ermittelte Stufe biologischer Organisation, von der er zudem behauptet, daß sie, in Schelers Worten, „psychophysisch indifferent"[45] sei, ‹zentrale Organisiertheit› oder auch ‹Positionalität›. Um sie wissen, sie sich zum Gegenstand machen können, ist dann 'Exzentrizität' oder 'exzentrische Positionalität', die allein dem Menschen zukommt. Sie äußert sich in der 'anthropologischen Differenz' von *Leibsein* – der einzelne Mensch im Zentrum seiner Umwelt – und *Körperhaben* – der einzelne Mensch irgendwo in der Außenwelt – und ihrer Vermittlung im reflexiv, und das heißt hier sinnstiftend, also geistig, verstandenen Verhalten[46] – der einzelne Mensch in der Distanz zu sich als Innenwelt und, insofern er sich dann zugleich individuell und allgemein versteht, nämlich diese Verhältnisse, „kraft deren er Mensch ist, für sich selber und für jedes andere Wesen in Anspruch zu nehmen auch da, wo ihm Lebewesen gänzlich fremder Art gegenüberstehen"[47], dabei in einer Mitwelt. Die Wirsphäre der

[43] Plessner 1928, S. 115.

[44] A. a. O., S. 296.

[45] Vgl. Scheler 1928, S. 18.

[46] Verhalten wird von Plessner, wiederum der aristotelischen Einteilung der Wissenschaften in praktische, theoretische und poietische folgend, in Handlung, Sprache und Gestaltung gegliedert; vgl. Plessner 1970, S. 383.

[47] Plessner 1928, S. 374.

Mitwelt heißt bei Plessner ‹Geist› und ist, obwohl nicht, wie bei Scheler, vom Gegensatz zur Bedingtheit von Leib und Seele her charakterisiert, doch als Sphäre des Allgemeinen durch „Abgekehrtheit vom Bewußtsein“[48] und damit „Voraussetzung der Konstitution einer Wirklichkeit“[49] eine Aufhebung jeweiliger Individualität:

> Als Glied der Mitwelt steht jeder Mensch da, wo der andere steht. In der Mitwelt gibt es nur Einen Menschen, genauer ausgedrückt, die Mitwelt gibt es nur als Einen Menschen. Sie ist [...] die Garantie der wirklichen (nicht nur der möglichen) Selbsterkenntnis des Menschen.[50]

Wieder tritt Selbstbestimmung, wie bei Kant, nur als Vermögen des Gattungswesens Mensch auf, und ist kein Ergebnis eines dialogischen Zusammenhangs der Menschen untereinander. Natürlich liegt es daran, daß die, im übrigen sorgfältig nach allen Seiten hin ‘phänomenologisch’, nämlich als im Vollzug bestehendes Phänomen beschriebene, aber eben auch *nur* beschriebene, Exzentrizität in der biologischen Organisation des Menschen verankert wird und nicht als eine auch vom Autor geteilte und als geteilt vermittelte Erfahrung des sowohl Subjektseins wie Objektseins auftritt.

Zwar weiß Plessner, daß er die exzentrische Positionalität voraussetzen muß, um ihre Abhängigkeit von der Positionalität überhaupt erörtern zu können, aber über die sich daraus ergebende Einsicht hinaus, daß es beim Menschen keine ‘geistfreie’ vitale Sphäre gibt – erst „das Verhalten erklärt den Körper“[51] und vervollständigt damit seine Anatomie –, kann die Herkunft der Unterscheidung von Natur und Geist nicht mehr beantwortet werden, und sie bleibt auch ohne Antwort. Die Formulierung von drei ‘anthropologischen Grundgesetzen’ – 1. das Gesetz der natürlichen Künstlichkeit (entspricht Gehlens These ‹Der Mensch ist von Natur ein Kulturwesen›[52]), 2. das Gesetz der vermittelten Unmittelbarkeit (soll die Identität des Subjekts mit seiner Objektivation festhalten), 3. das Gesetz des utopischen Standorts (soll die Idee der *einen* Welt und damit die Existenz eines Allgemeinen gegen die Individualität der Perspektiven sichern) – ist kein Ausweg: Die Grundgesetze sind nur

[48] A. a. O., S. 378.

[49] Ebd.

[50] Ebd.; eine Analyse der Mitwelt ausdrücklich als Miteinandersein je untereinander *verschiedener* Individuen findet sich in der von Heidegger betreuten Habilitationsschrift von Karl Löwith 1928.

[51] Zur zweiten Auflage von ›Lachen und Weinen‹, PGS VII, S. 208.

[52] Vgl. S. 70.

Aspekte eben der zur Ausstattung des Menschen erklärten Exzentrizität und leiden an der nicht in ihre Bestimmung aufgenommenen Herkunft aus der gegenseitigen Begrenzung der Menschen in den wechselnden Handlungs- und Redezusammenhängen. Dann nämlich könnte man sagen, daß die Exzentrizität *des* Menschen seine Erscheinung in einer Vielfalt individueller 'Verkörperungen' ist, ebenso wie umgekehrt die Exzentrizität *eines* Menschen in seinem Wissen um die Einheit der Gattung auftritt. Darauf hat Plessner nicht geachtet. So kommt es, daß er umgekehrt Sprechen, Handeln und Gestalten aus der exzentrischen Position hervorgehen läßt,[53] die Exzentrizität als einen letztlich naturgeschichtlichen Tatbestand behandelt, statt sie konsequent als Charakterisierung dafür einzusetzen, daß im dialogischen Prozeß der Selbstbestimmung das Zugleich von Subjektsein und (naturalem und kulturalem) Objektsein erfahren wird.[54] Nur dann würde auch deutlich, daß es gerade die einander widerstreitenden Erfahrungen von Zugehörigkeit und Unzugehörigkeit sind, die dazu führen, vom Menschen als dem exzentrischen Lebewesen zu sprechen. Jeder Versuch, diesen Widerstreit anders als im lebendigen Vollzug ständig neu bestimmter Zugehörigkeiten und Unzugehörigkeiten aufzulösen, führt zum Abbruch des Individuations- und Sozialisationsprozesses in für endgültig gehaltenen Gruppenbildungen mit der Folge je nach Art der Gruppen verschiedener Ausprägungen einer Freund-Feind-Unterscheidung bezogen darauf, daß man zu einer Gruppe gehört oder ihr nicht angehört, und ebenfalls verschiedenartiger Formen von Herrschaftsverhältnissen innerhalb einer Gruppe mit der dazugehörigen Dialektik von Herr und Knecht.

Aber natürlich ist dieser Abbruch unvermeidlich, spätestens mit dem Tod offenbar – und es gibt viele Todesarten schon vor dem physischen Tod –, so daß es nur darum gehen kann, den Abbruch so lange als möglich hinauszuzögern. «Le révolté [...] n'est pas seulement esclave contre maître, mais aussi homme contre le monde du maître et de l'esclave»[55] [Der Revoltierende (...) ist nicht nur Knecht

[53] Plessner 1961 b, S. 192.

[54] Eine auf minutiösen Detailanalysen beruhende Rekonstruktion der Plessnerschen Anthropologie, wie sie aussehen müßte, wenn die seine Intentionen verfälschenden Übernahmen aus der klassischen philosophischen Tradition zugunsten eines Ausbaus der weithin verborgen gebliebenen pragmatischen Ideen entfernt werden, findet sich in der Dissertation von Limbach 1990.

[55] ES, S. 688.

gegen den Herrn, sondern auch Mensch gegen die Welt von Herr und Knecht], folgert Camus.

Angemessener noch ist es, von der Versuchung zu sprechen, dem ständig wiederkehrenden Abbruch ein Ende zu setzen, indem man ihn schließlich hinnimmt, entweder in (knechtischer) Zufriedenheit, sein Zuhause endlich gefunden zu haben – die Individualität ist scheinbarer Sozialität geopfert –, oder in (herrischer) Selbstgenügsamkeit, auf sich allein gestellt zu leben – die Sozialität ist zugunsten scheinbarer Individualität preisgegeben. Aber die Polarität von einzelnem Subjekt und Fall eines allgemeinen Objekts, von 'Ich' und 'ein Mensch', ist nur um den Preis der Selbstverleugnung, sei es als 'Funktionär' oder als 'Eremit', im Plädoyer für das Aufgehen in einer 'Gemeinschaft' (die Exzentrizität *des* Menschen ist verraten) oder im Rückzug auf die Existenz als ein 'Einzelner' (die Exzentrizität *eines* Menschen ist verraten), aufhebbar. Nur wo dem Für- und Gegeneinander der Menschen, als naturaler Objekte im biologischen 'Kampf ums Dasein' und als kulturaler Objekte im sozialen 'Kampf um die Macht', immerfort eine Grenze gesetzt wird, durch ein Miteinander der Menschen als Subjekte, ist die Selbstbestimmung und damit der sowohl individualgeschichtliche als auch gattungsgeschichtliche Prozeß der Menschwerdung nicht unterbrochen.

Dabei hängt es vom gewählten begrifflichen Rahmen ab, nämlich kausaler oder intentionaler Theoriebildung – einer 'aitiologischen' oder einer 'teleologischen' Betrachtungsweise –, wie der 'biologische' und der 'soziale' Kampf (bezogen auf die Definitionen ‹animal rationale› und ‹animal sociale› bezeichnen die Ausdrücke ‹vernünftig› und ‹sozial› in diesem Kontext positive, jeweils von den Disziplinen der physischen Anthropologie und der Kultur-Anthropologie untersuchte Eigenschaften) voneinander geschieden werden.

Und man sollte berücksichtigen, daß ganz ähnlich, wie gegen den 'naturalen Zwang' die sensomotorische Ausstattung um die Erfindung 'technischer Instrumente' oder 'Geräte' erweitert wird, was ihren Benutzern eine umfassendere Ermittlung von Ursache-Wirkungs-Zusammenhängen ermöglicht, so auch die Ausübung 'kulturaler Gewalt' vom bloßen Einsatz derselben sensomotorischen Ausstattung mit Hilfe eigens erfundener 'politischer Instrumente' oder 'Institutionen' zur Machtausübung weiterentwickelt wird; für diejenigen, die sich der Institutionen bedienen können oder dürfen, eine Erleichterung bei der Durchsetzung von Mittel-Zweck-Zusammenhängen.[56] Macht ist institutionalisierte Gewalt und schlägt sich daher in institutionalisierten Formen der Anerkennung, z. B. politischer, ökonomischer oder auch intellektueller 'Überlegenheit', nieder.

Im diesen Verhältnissen Grenzen setzenden Miteinander hingegen – seit der Antike immer wieder unter dem Titel ‹Freundschaft› erörtert – sind die Menschen als Subjekte bereit, voneinander zu lernen. Der Prozeß der Individuation (Abgrenzung) und Sozialisation (Verbundenheit) ist ein Prozeß der *Selbsterziehung*, der seine Gestalt darin findet, die eigene Subjektivität, wie sie in Weltansicht und Lebensweise erscheint, durch eine fremde erweitern und ändern zu lassen. Dieser Lehr- und Lernprozeß muß als 'reflexive' Erziehung ebenfalls von 'positiver' Erziehung als gegenseitiger Beeinflussung, sei es im Mittel-Zweck-Zusammenhang bereits vorgegebener 'Lernziele' oder im Ursache-Wirkungs-Zusammenhang eines 'social engineering', die damit in Schranken gebannt wird, sorgfältig unterschieden werden. Es geht gerade nicht um den innerhalb positiver Erziehung liegenden Ausgleich zwischen 'Führen' (Kultur) und 'Wachsenlassen' (Natur),[57] sondern um eine in der Selbsterziehung wirksam werdende Begrenzung kulturaler und naturaler Beeinflussung, handelnd gegen das Geführtwerden (ein individuelles Können ausspielend) und wissend gegen das Wachsen (einem allgemeinen Sollen zur Geltung verhelfend).

Die Erfahrung der Zugehörigkeit, des Teil-der-Welt-Seins, läßt sich noch deutlicher als konträr zur Erfahrung der Unzugehörigkeit, des Der-Welt-Gegenüberstehens, begreifen, wenn man sich folgendes klarmacht. Bin ich Teil der Welt, Ich als *Objekt*, so ist die Folge, daß ich das Verwendetwerden durch andere Menschen ebenso wie das Unterworfensein unter Naturgewalten, Krankheiten zum Beispiel, jenseits des mir möglichen Widerstands hinnehme – und dabei erfahre ich das bloße Objektsein als Ausgeschlossensein mit dem unstillbaren Bedürfnis, durch Erweiterung meiner Widerstandsfähigkeit das Ausgeschlossensein einschränken zu können. Stehe ich der Welt hingegen gegenüber, Ich als *Subjekt*, so greife ich

[56] Institutionen werden in Soziologie und Rechtstheorie nicht nur im Kontext von Mittel-Zweck-Zusammenhängen ('sinnorientiert'), sondern auch im Kontext von Ursache-Wirkungs-Zusammenhängen, also als 'naturales Phänomen', z. B. bei Arnold Gehlen und Niklas Luhmann, erörtert; vgl. Schelsky 1970.

[57] Vgl. z. B. Litt 1927.

redend und handelnd unaufhörlich in sie ein – und dabei erfahre ich mich als Glied sowohl zahlreicher Ursache-Wirkungs-Zusammenhänge wie unübersehbar vieler Mittel-Zweck-Zusammenhänge, als einen Teil der naturalen und kulturalen Welt also, mit dem ebenso unstillbaren Bedürfnis, diese Abhängigkeiten, in die ich geraten bin, ein Stück weit abschütteln zu können.

Der paradoxe Charakter dieser Beschreibung, die bei Camus, wie wir gesehen haben, in der Liebe des Prometheus als der anderen Seite der Gleichgültigkeit des Sisyphos ihre poetische Gestalt gefunden hat, läßt sich auflösen, wenn man zu den beiden elementaren Schritten der Selbstbestimmung zurückkehrt, die im zweiten Kapitel zur Unterscheidung der Verhaltensabhängigkeiten und des Handlungsspielraums als zwei Seiten derselben Erfahrung geführt haben.[58] Im Übergang von Rede- und Handlungsvollzügen zu ihrer Betrachtung, in ihrer 'Objektivierung' durch Distanzierung, steckt ein Verweis auf den dialogischen Charakter der Rede- und Handlungszusammenhänge selbst, insofern dabei der eine jeweils etwas 'tut' und die andere dies 'erleidet'. Sich-im-Anderen-Erkennen heißt dann, das eigene Tun zugleich zu erleiden, und ist die Entfaltung des Könnens zum Darum-Wissen, und zwar sowohl fürs Reden wie fürs Handeln. Darüber hinaus aber zeigt dieser Schritt auch, wie man ausgehend vom Handeln zum Reden als der ausgezeichneten menschlichen Form des Zeichenhandelns gelangt. Darauf kommen wir weiter unten noch zurück.

Im Moment wollen wir lediglich festhalten, daß eine Handlung im (aktiven) Aspekt des Vollzugs etwas Einzelnes ist, im (passiven) Aspekt der Betrachtung hingegen etwas Allgemeines. Und über eine Handlung zu verfügen, sie zu 'können' oder 'Handlungskompetenz' zu haben, tritt nicht anders auf, als in Gestalt von Handlungsvollzügen auf der Seite des Tätigen und in Gestalt eines die Handlung Auffassens, eines 'Handlungsverstehens', auf der Seite der Erleidenden. Beide müssen den Rollenwechsel beherrschen, und sie erfahren dabei Sein und Erkennen nur noch als die beiden Seiten des Könnens. Die Vollzüge beider werden einerseits als jeweils verschiedene (subjektive) Perspektiven eines gemeinsamen (objektiven) Stücks Welt, eines buchstäblich 'geteilten' Könnens, begriffen, andererseits aber in ihrer Verschiedenheit jeweils als ein Nichtkönnen dessen, was der andere kann, erlitten. Wir haben in systematischer Rekonstruktion die elementare Stufe des zuvor nur

[58] Vgl. S. 77 f.

beschriebenen geteilten Wissens um die Verschiedenheit der Subjekte vor uns.[59]

In den *fremden* Mängeln sind die Menschen *Objekte*, und zwar sowohl allgemein wie individuell, auch wenn ich mich von *meinen* Mängeln distanziere; in den *eigenen* Fähigkeiten jedoch sind die Menschen *Subjekte*, und zwar sowohl sozial verbunden wie individuell abgegrenzt, also auch, wenn ich auf *deine* Fähigkeiten reagiere. Nur wer im Handeln beide Aspekte beachtet, den tätigen und den erleidenden, zuweilen mit der Unterscheidung zwischen Versuchen und Gelingen eingefangen, läuft nicht mehr Gefahr, im Du nur mehr ein Objekt (ein 'Handlungsobjekt', einen Menschen) und nicht *auch* ein Subjekt (ein anderes Ich) zu sehen.[60]

Auch der in der Psychoanalyse Sigmund Freuds (1856–1939) herausgestellte Antagonismus von Todestrieb (Thanatos) und Libido (Eros) ist zwar ein Für- und Gegeneinander, das sich aber trotz der zeitgenössischen Orientierung am physikalischen Kräftezusammenhang und dem dafür geltenden Energieerhaltungssatz keineswegs eindeutig als natural oder kultural identifizieren läßt, zumal es nach Freud Kultur (Thanatos) und Natur (Eros) selbst sind, die dabei einander gegenüberstehen. Daher liegt es nahe, und viele Beispiele belegen es, daß in diesem Antagonismus nicht 'Triebe' am Werke sind, vielmehr bereits die im Miteinander von Abgrenzung und Verbundenheit wirksame Grenzziehung gegenüber dem Für- und Gegeneinander eingesetzt hat, eben 'bewußte' (i.e. tätige) und 'unterbewußte' (i.e. erlittene) Selbstbestimmungen einer Ich-Du-Erfahrung, die Eros und Thanatos im Zugleich von Liebe und

[59] Vgl. S. 97; noch ohne explizit dialogischen Aufbau, aber sonst in analoger Reflexion auf das Distanzierungsvermögen – human quality = man's overstepping of the limits of his own being – verfährt das Hauptwerk ›Man the Measure‹ (1945) von Erich Kahler (1885–1970), vgl. ebd., S. 18.

[60] Bei Plessner in einem nur auf den Handelnden selbst bezogenen, also 'monologischen', Zusammenhang werden Ich als Objekt unter ‹Verdinglichung› und Ich als Subjekt unter ‹Verkörperung› oder Zu-sich-in-ein-Verhältnis-Treten – auch in einer mißverständlichen, weil allein 'aktivischen' Terminologie als ‹Sich(und das ist nur der eigene Leib)-Instrumentalisieren› – abgehandelt und der Aktivität der Sinne, leider ohne Denken bzw. Sprechen in ihrer *auch* sinnlichen Rolle zu berücksichtigen (deshalb bleibt Ich als Objekt nur ein äußeres Ding), die Verkörperungsfunktion zugesprochen, vgl. Plessner 1970, bes. Kap. 7 (‹Die Verkörperungsfunktion der Sinne›).

Gleichgültigkeit, von 'Festhalten' und 'Loslassen', bannt.[61] Die Verschiedenheit der Subjekte, eine Verschiedenheit der Reflexionsstufe, wie sie durch Abgrenzung verwirklicht ist, kann nur in einem gemeinsamen Handeln erkannt werden, und ganz entsprechend ist ihre Gleichheit, eine Gleichheit der Reflexionsstufe, wie sie als Verbundenheit auftritt, nur im Wissen um die verschiedenen Perspektiven desselben Handlungszusammenhangs vollziehbar.

Die Objektivierung dieser Erfahrung führt zu Gruppenbildungen, die einerseits durch (partiell) übereinstimmende Lebensweisen und Weltansichten der zu ihnen gehörenden Personen charakterisiert sind und andererseits sich im ganzen durch ihre Lebensweisen und Weltansichten voneinander (partiell) unterscheiden. Die Flexibilität der Gruppenbildungen, wie sie daran ablesbar ist, daß Menschen sich als ganze aufeinander einlassen, denkend, fühlend, begehrend, bereit, den unvermeidlichen gegenseitigen Verletzungen offen standzuhalten, entscheidet darüber, ob die beteiligten Personen den Prozeß der Selbstbestimmung fortsetzen oder unterbrechen. Aber auch die jeweiligen Gruppenindividuen nehmen ein Prinzip Freiheit im anthropologischen Sinn in Anspruch, insofern sie *nach außen* ein Recht auf Selbstbestimmung und damit auf 'Nichteinmischung in innere Angelegenheiten' vertreten, um die Ausbildung möglichst ausgeprägter (Gruppen-)Individualität innerhalb aller Gruppen (gleicher Stufe und gleichen Typs) zu befördern, was *nach innen* die Durchsetzung möglichst ungestörter Übereinstimmung in den die Gruppenbildung konsolidierenden Lebensweisen und Weltansichten, also ein Prinzip Gerechtigkeit im kosmologischen Sinn, nach sich zieht. Politische Parteien oder Staatengruppen wie die Europäische Gemeinschaft sind naheliegende Beispiele. Innerhalb jeder Gruppe besteht daher, wie wir im Zusammenhang der Überlegungen von Camus zur absurden Freiheit bereits gesehen haben, ein Antagonismus zwischen (individueller) Freiheit ihrer Mitglieder und (allgemeiner) Gerechtigkeit für die Mitglieder *als* Mitglieder der Gruppe: Mit Gerechtigkeit soll *Uniformität* der Mitglieder als Objekte durchgesetzt, mit Freiheit *Variation* der Mitglieder als Subjekte ausgebildet werden. Der für eine Gruppe konstitutive Handlungsspielraum besteht nur als Raum von Handlungen

[61] Vgl. Zagermann 1988, sowie zum systematischen, im Widerstreit zwischen (positiver) Wissenschaft und (reflexiver) Selbsterkenntnis verankerten Zusammenhang von Eros und Thanatos mit den Erfahrungen von Zugehörigkeit und Unzugehörigkeit: Hessing 1989.

unter Risiko, zwischen Individualität verwirklichendem Wagnis und Sozialität ermöglichender Kontrolle. Wird dieser Antagonismus, der sich der Objektivierung einer Reflexion verdankt, die auf den positiven Antagonismus von Kompetition (Wettbewerb) und Kooperation (Zusammenarbeit) gerichtet ist, den wir bereits kennen, ausgehalten, so sprengt er jede Gruppenbildung und geht, bezogen auf die Menschheit im ganzen – eine nach Vergangenheit und Zukunft offene Gruppe –, in die schon erörterte Polarität von 'Ich' und 'ein Mensch', Ich als Subjekt und Ich als Objekt, über.

Erst die Gerechtigkeit im anthropologischen Sinn, die Gleichheit der Reflexionsstufe, wie sie als 'gleiches Recht auf Selbstbestimmung' Verbundenheit ausmacht, vermag in der Spannung mit ihren (kulturalen) Objektivationen, dem 'positiven Recht' in der Institution des 'Rechtsstaats' zum Beispiel, dazu beizutragen, den genannten Antagonismus in Gestalt eines Schutzes der Freiheit besser auszuhalten und damit historisch den Spielraum für Selbsterziehung als Weise der Selbstbestimmung überhaupt erst zu eröffnen.

3.4 *Animal Symbolicum*

Es dürfte jetzt verständlich geworden sein, warum mit der Beschränkung der Selbstbestimmung auf den Bereich geistiger Leistungen – ein Einsatz naturaler Fähigkeiten zur Kompensation der naturalen Mängel – die Objektivierung des Subjekts zugleich seine Zerlegung in ein naturales und ein kulturales Objekt, insbesondere also in die beiden Bereiche physischer und mentaler Zustände und Vorgänge, nach sich zieht; die Berücksichtigung der Kehrseite derselben Selbstbestimmung, wie sie sich im Bemerken der Grenzen natürlicher Ausstattung äußert – die Erprobung kulturaler Fähigkeiten macht die kulturalen Mängel sichtbar –, hätte verhindert, dabei zu vergessen, daß ein Subjekt als Subjekt immer nur im einander verbindenden und zugleich voneinander abgrenzenden dialogischen Zusammenhang von Wort und Tat auftritt.

So wären wir dem verbreiteten neuzeitlichen Mißverständnis entgangen, es könne mit dem einzelnen eigenen – und, insofern es dabei die anderen vertritt, auch allgemeinen – Subjekt als Basis philosophischer Reflexion begonnen werden; dann nämlich müßte man auch den anderen Subjekten denselben Anfang einräumen, und wir stünden vor der Situation unübersehbar vieler 'gleichberechtigter' Personen, die mit Wünschen und Meinungen ('preferences' und 'beliefs' in einer weitverbreiteten englischen Terminologie) ausgestattet gedacht werden, damit es sinnvoll bleibt zu sagen, sie gingen Beziehungen ein, freundliche und feindliche, private und öffentliche, theoretische des Gedankenaustauschs oder der Meinungsbildung und praktische des Interessenausgleichs oder der Handlungsvereinbarung, um sie auch wieder aufzulösen, wenn Zeit und Umstände es nahelegen.[62]

Aber Subjekte sind eben gerade nicht jenseits der Rede- und Handlungszusammenhänge, in denen sie stehen, in die sie eintreten und die sie verlassen, bereits 'fertig'; vielmehr werden sie im dialogischen Zusammenhang erst nach und nach gebildet. Was Menschen im Prozeß der Selbstbestimmung immer gewußt und deshalb ohne ichbezogene 'Heilsgewißheit' auch vermittelt haben, ist die Unzerlegbarkeit der Ich-Du-Erfahrung. Das Selbst ist ein Prozeß fortgesetzter Entwicklung von Ich-Du-Dyaden. Der tätige oder aktive Anteil an einer Handlung, ihr Vollzug, den ich in traditioneller Überschätzung allein der Vernunft oder dem Geist 'in mir' zuschreibe, darf um den zu ihm gehörigen, nur in der Betrachtung zugänglichen, nämlich vom Partner verkörperten hinnehmenden oder passiven Anteil nicht betrogen werden; aber auch nicht ergänzt – oder gar ausgetauscht – in bloß auf sich bezogener psychologischer Verkürzung unter der Bezeichnung, z. B., ‹Einfall› oder ‹Inspiration›, und erst recht nicht in theologischer Überhöhung unter dem Titel ‹Offenbarung› oder, popularisiert, unter Bezeichnungen wie

[62] Dieser Zusammenhang wird oft übersehen; paradigmatisch dafür ist ein Plädoyer bei Michael Theunissen (*1932) für die Wiederherstellung einer 'Bestimmung des Menschen' durch Kritik am modernen Individualismus, um – und er stützt sich dabei auf einen gleichlautenden Satz Hegels im § 258 der ›Grundlinien der Philosophie des Rechts‹ von 1821 – „einen neuen zeitgemäßen Zugang zu dem Gedanken zu gewinnen, daß wir in unserer Selbstverwirklichung Allgemeinheit zu realisieren haben" (Theunissen 1982, S. 8). Theunissen betreibt hier genau die 'Versöhnung' von Individuellem und Allgemeinem durch Aufhebung des Individuellen, die in Gestalt des speziell neuzeitlichen Mißverständnisses von der Vernunft als der 'Menschheit in uns', so daß keiner im anderen mehr seine Grenze erkennt, den nicht selten narzistisch wirkenden Individualismus der Moderne wie ein 'Gegengift' erst hervorgebracht hat, gegen den sich Theunissen wendet. Klar erkannt hingegen hat diesen Zusammenhang Norbert Elias (1897–1990), wenn er in ausgedehnten kulturhistorischen Studien (vgl. Elias 1976) die Wechselwirkung von Individualität und Sozialität, wie sie sich mit 'Figurationen' beschreiben läßt, als Quelle der Bildung von Personen nachweist.

‹Wink des Schicksals› und anderen. Das jeweilige Gegenüber, an dem ein Ich schrittweise sich erst verwirklicht, ist sonst verschwunden, in 'rationalistischer' Selbstüberschätzung oder in 'irrationalistischer' Selbstaufgabe.

Aktiv ist Selbstbestimmung der Versuch eines Menschen, seine (naturalen) Mängel zu kompensieren, indem er die Grenzen der Objekte in Gestalt der Feststellung ihrer Gleichheit und Verschiedenheit bestimmt – dabei auch sich selbst als wohlbestimmtes naturales und kulturales Objekt. Passiv ist sie das Gelingen der Erprobung meiner (kulturalen) Fähigkeiten; dabei erfahre ich meine Grenzen als Subjekt in den Prozessen der Individuation und Sozialisation – und auch das Bezogensein auf die anderen Objekte unter Einschluß der gemeinhin als ‹leblos› bezeichneten in ihrem Gegenüber (die Quelle des öffentlich gewordenen 'ökologischen Bewußtseins') als Bestandteil einer Ich-Du-Erfahrung.

Eingeschränkt auf den aktiven Aspekt sprechen wir von *Handlungen im engeren Sinne*, und meistens werden Handlungen auch nur in diesem eingeschränkten Sinn behandelt, insbesondere in der praktischen Philosophie, wenn es um Fragen der Rechtfertigung, also der Zielbestimmung sowohl individueller Handlungen (Ethik) wie institutioneller Handlungen (Politik) geht. Das läßt sich besonders deutlich daran ablesen, daß die für die Ausführbarkeit von Planungen unerläßliche Handlungs*fähigkeit* in der Regel eben nur als Fähigkeit zur Zielsetzung, also in (individueller) Intentionalität und (allgemeiner) Autonomie, gesehen wird, obwohl die Fähigkeit, eine Handlung hervorbringen oder unterlassen zu können, wie sie im Modell eines Lehr- und Lernprozesses sichtbar gemacht werden kann, nicht minder entscheidend ist. Sie gehört, wie die Erfahrung des Gelingens, zum passiven Aspekt, der, wird er für sich betrachtet, von Wilhelm Kamlah (1905–1976) in seinem Werk ›Philosophische Anthropologie‹ (1972) unter der Bezeichnung *Widerfahrnis* beschrieben ist.[63] Auch in diesen Fällen macht sich häufig eine Einschränkung bemerkbar, die dem verbreiteten Interesse an Handlungen allein im aktiven Aspekt entspricht: Nur im Mißlingen eines Handlungsversuchs oder im 'unbeabsichtigten' Hervorbringen eines Ereignisses, wie in der Regel etwa beim Stolpern oder beim Niesen, wird ein Widerfahrnis gesehen, möchte man sich doch das Glücken als 'eigene Leistung' zuschreiben. Wir haben erneut ein Beispiel für die Unterschlagung des dialogischen Charakters jeder Ich-Erfahrung vor uns.

[63] Vgl. Kamlah 1972, Erster Teil II, § 2,3.

Es kommt daher darauf an, nicht erst im Übergang vom Tun zum Darum-Wissen, in der Distanzierung eines Subjekts von sich selbst, den wissenden Vollzug des zugleich Subjektseins und Objektseins, wie wir es ausgedrückt haben, zu verankern, wird dann doch die Du-Erfahrung irreführend mit der Objektivierung des Ich gleichgesetzt, und die Exzentrizität bleibt ein Charakteristikum der Gattung, eines Menschen als Menschen, wie bei Plessner, und ist nicht auch als Charakteristikum der Personen, jedes einzelnen Ich, seine Unfertigkeit markierend, begriffen. Schon im Tun selbst gilt es, auf beide Seiten, den aktiven und den passiven Aspekt, im Vollzug und in seiner Betrachtung, zu achten.

Wir sind dazu herausgefordert, beim Können, wie es in den Handlungs- und Redezusammenhängen der Menschen verwirklicht ist, nicht dort einzusetzen, wo schon ausgebildete Fertigkeiten aufeinander treffen, vielmehr seinen Entstehungsprozeß als Erwerbsprozeß sichtbar zu machen. Nur so auch vermeiden wir es, zwei insbesondere für die neuzeitliche philosophische Tradition fundamentale begriffliche Gegenüberstellungen einfach hinzunehmen, statt sie durch systematische Verankerung in dialogischen Zusammenhängen in ihrer Funktion zu bestimmen. Weder der 'ontologische' Gegensatz von 'sinnlich Einzelnem' und 'geistig Allgemeinem' noch der 'epistemologische' Gegensatz von 'subjektivem Erkennen' und 'objektivem Sein' sollte einfach bereitstehen, vielmehr entstehen beide erst auf der Basis dialogischer Elementarsituationen des Erwerbs eines Könnens, einer 'Handlungskompetenz'.

Wer nämlich etwas kann – Rechnen, Flötespielen, eine Geschichte erzählen, Schwimmen, kernphysikalische Experimente durchführen, sich verständlich machen usw. –, dem kann ein Lernprozeß zugesprochen werden aus der Sicht dessen, der das Können zum Gegenstand seiner Aufmerksamkeit nimmt. Das mögen Handlungspartner ebenso sein wie Beobachter. Dabei braucht der Lernprozeß, wird er zugeschrieben, nicht als empirischer Prozeß stattgefunden zu haben. Manche können etwas, was andere erst mühsam oder gar nicht lernen, und es ist Sache empirischer Wissenschaften, herauszufinden, welche Prozesse, und seien es vielleicht gar genetische, stattgefunden haben müssen, damit ein derartiges Können auftreten kann. Hingegen dient die systematische Rekonstruktion des Entstehungsprozesses durch einen Erwerbsprozeß dazu, einen 'Maßstab' bereitzustellen, der überhaupt erst sichtbar macht, was empirische Wissenschaften, wenn sie mit ihren Untersuchungen beginnen, in der Regel als 'gegeben' voraussetzen.

Offenkundig ist es nun so – an den Beispielen läßt es sich ablesen –, daß die Lösung dieser Aufgabe nur gelingen kann, wenn der Erwerbsprozeß als ein Maßstab für das Können dabei zugleich auch für seine Darstellung sorgt, im voll entwickelten Stadium mit Hilfe einer Wortsprache. Es würde allen bisher gewonnenen Einsichten widersprechen, unterstellte man, einer wüßte ohne weiteres, was ein anderer kann, ist er nur zugegen. Im Gegenteil, im Können, das zwei, die miteinander handeln, aktualisieren – man nehme als einfaches Beispiel nur Lehrer und Schüler beim Vermitteln einer Kunstfertigkeit –, gibt es stets beides, ein Moment des miteinander Vertrautseins – wir machen 'dasselbe' – und ein Moment des einander Fremdseins – was wir machen, ist 'verschieden' –, und darüber bedarf es einer Verständigung.

In einer dialogischen Elementarsituation wird in einem ersten Schritt eine Handlungskompetenz erworben, die nicht nur das Können, sondern *zugleich* auch das 'Erkennen' dieses Könnens, das Können als ein *Kennen*, sichtbar macht. Dies geschieht in Gestalt der beiden verschiedenen Gesichtspunkte der am dialogischen Erwerbsprozeß Beteiligten. In ihm ist jeweils der eine derjenige, der die Handlung 'aktiv' *ausführt*, und die andere dabei diejenige, die der Handlungsausführung 'passiv' gegenübersteht, sie *anführt*. Wohlgemerkt, die Bezeichnungen mit den Verben ‹ausführen› und ‹anführen› markieren nur die beiden Gesichtspunkte beim Erwerb *einer* Handlungskompetenz in einer offenen Folge von Wiederholungen (Repetition, d. h. ohne Rollenwechsel) und Nachahmungen (Imitation, d. h. mit Rollenwechsel) und nicht etwa eigenständige Handlungen. Wenn beide Dialogpartner über die Handlungskompetenz verfügen, nämlich ihrerseits in jeweils einen Erwerbsprozeß mit einem neuen Partner einzutreten vermögen, so läßt sich rückblickend sagen, daß die Anführende die Handlung 'versteht' im Sinne von 'wissen, um welche Handlung es sich handelt' (engl.: *recognition*), der Ausführende hingegen sie 'vollzieht' (engl.: *performance*).

Es sind gegenwärtig eine ganze Reihe von terminologischen Festlegungen für die in einer dialogischen Elementarsituation von den beiden Personen verkörperten Gesichtspunkte gebräuchlich: von demjenigen, für den es die Handlung aktiv gibt – der sie 'tut' –, sagt man auch, daß er ein 'token' oder eine 'Aktualisierung', die Handlung als etwas Einzelnes (Singulares; *single act*) erzeugt habe; von derjenigen, für die es die Handlung passiv gibt – die sie 'erleidet' –, sagt man hingegen, daß sie ein 'type' oder ein 'Schema', die Handlung als etwas Allgemeines (Universales; *generic action*) erkannt habe.

Im Kennen wird deutlich, daß Sein und Erkennen ebenso wie Einzelnes und Allgemeines jeweils aufeinander bezogen und unabhängig voneinander unbestimmbar sind: Jedes Singulare ist nur als Aktualisierung eines Schemas verständlich, so wie jedes Universale nur als aktualisiertes Schema vorhanden ist.

Wir haben schon im letzten Kapitel gesehen, daß mit einer solchen *Darstellung* der Entdeckung der Vernunft, die nur als Wissen um die Ich-Erfahrung in einer Ich-Du-Erfahrung wirklich ist, bereits der zweite Schritt der Selbstbestimmung vollzogen ist, den wir als 'Objektivierung' der Ich-Erfahrung bezeichnet haben. Dieser Tatsache können wir in der systematischen Rekonstruktion des Erwerbs von Handlungskompetenzen in dialogischen Elementarsituationen durch Überführung der beiden Aspekte der primären Handlungen in eigenständige Handlungen Rechnung tragen. Es handelt sich dabei um die Darstellung des Prozesses der Verselbständigung von Ausführung und Anführung als bloßen Aspekten einer Handlung in eigenen sekundären Handlungen mit ihrerseits aktivem und passivem Aspekt. Und mit dem Erwerbsprozeß von Anführungshandlungen, den (sozialen) Perspektiven gegenüber einer primären Handlung, beginnt die Bildung von (Handlungs-) *Objekten* durch 'Identifizierung': Verschiedene Anführungen sind Anführungen *desselben* Objekts; insofern dabei jede Anführung durch *eine* subjektive Perspektive das Objekt erkennt, werden Subjektzüge, Schritte der Ich-Du-Verbundenheit, im Spiegel der Objekte sichtbar.

Aber wir müssen auch den Erwerbsprozeß von Ausführungshandlungen, der (individuellen) Perspektiven gegenüber einer primären Handlung, berücksichtigen. Mit ihm beginnt die Bildung von (Handlungs-) *Subjekten* durch 'Differenzierung': Durch die Art der Ausführung lassen sich Subjekte voneinander abgrenzen; insofern dabei mit jeder Ausführung das Subjekt *eine* objektive Gliederung erzeugt, ist ein besonderer Objektaufbau als ein Schritt auf dem Weg, Objekte identifizierbar zu machen, die Spur von Subjekten.

In der Verselbständigung von Ausführung und Anführung, also der 'Ich-Perspektive' und der 'Du-Perspektive', kommen der pragmatische und der semiotische Anteil *jeder* Handlung zum Vorschein. Übernimmt der Ausführende auch die Rolle der Anführenden – hier liegt der systematische Kern für ein Verständnis vom Mythos der 'Androgynie', von der für verloren gehaltenen Mann-Frau-Einheit des Menschen, wie ihn Platon im ›Symposion‹ durch den Komödien-

(etwa durch Schwimmen-Spüren eine Anführhandlung anführend). Beide sind daher in ihrem semiotischen Charakter als *Zeichenhandlungen* bestimmt.

Aber auch die Ausführungshandlungen – in unserem Beispiel denke man etwa an die Handlungen Kraulen, Schwimmen unter ausdrücklicher Hervorhebung der Beinarbeit, Schwimmen-in-Phasen-Ausführen usw. – tragen einen aktiven und passiven Aspekt, der verselbständigt werden kann; der aktive Aspekt erscheint verselbständigt als *hantierend-hervorbringendes* Handeln, der passive Aspekt hingegen als *praktisch- vermittelndes* Handeln, das dialogisch in Lehren und Lernen zerfällt.

Wir haben damit dialogisch eine vierfache Aspektierung von Handlungen gewonnen, wobei deren pragmatischer Anteil im Hantieren und Vermitteln, deren semiotischer Anteil hingegen im Artikulieren und Wahrnehmen verselbständigt auftritt. Gleichwohl darf man nicht unterschlagen, daß, gerade weil eine Verselbständigung von Aspekten in eigenen Handlungen stattgefunden hat, auch die Zeichenhandlungen als Handlungen noch einen pragmatischen Anteil behalten, ebenso wie die gewöhnlichen Handlungen mit einem semiotischen Anteil ausgestattet bleiben.

Mit den Anführhandlungen und den Ausführhandlungen haben wir distanzierende und aneignende Umgangsformen mit Objekten vor uns, eben die Weltansichten und Lebensweisen, von denen schon die Rede war: die Weltansichten im *Zeichen*charakter der Anführhandlungen, die Lebensweisen im Zeichenaspekt der Ausführ*handlungen*. In der Darstellung nur ihres pragmatischen Anteils können dem Hantieren der Zweck der Bedürfnisbefriedigung, dem Artikulieren der Zweck der Beseitigung oder Verhinderung kognitiver oder intentionaler Konflikte zugesprochen werden; die Erfahrung des semiotischen Anteils am Vermitteln wiederum kann mit Fertigkeitserwerb, am Wahrnehmen mit Erfahrungmachen wiedergegeben werden. Damit sind wir angekommen bei den beiden Seiten der objektivierten Ich-Erfahrung: beim Versuch, mit 'ideellen' Kulturleistungen durch 'Arbeit' (hantierend) die naturalen Abhängigkeiten und (artikulierend) die kulturalen Bedingtheiten zu mindern, und beim Gelingen 'sensueller' Kulturzeugnisse in 'Muße' in den teils (im Kontext der Wahrnehmung) vorgegebenen, teils (im Kontext der Vermittlung) erworbenen Grenzen.[71]

Aber es fehlt noch die ausdrückliche Rekonstruktion der beiden

[71] Vgl. Kap. 2, S. 77 ff.

Prozesse der Identifizierung von Anführhandlungen und der Differenzierung von Ausführhandlungen. Damit *dieselben* Objekte in den verschiedenen Weltansichten sichtbar werden, müssen sich Anführhandlungen ineinander 'übersetzen' lassen, und das heißt, es muß durch einen Erwerbsprozeß mit Hilfe einer dialogischen Elementarsituation zweiter Ordnung die Kompetenz der Anführung von Anführungshandlungen mit Hilfe anderer Anführungshandlungen dargestellt werden. Solche Anführungshandlungen, die nur noch zur Anführung anderer Anführungshandlungen dienen, heißen *Sprach(zeichen)handlungen*.

Die Auszeichnung 'vokaler Gesten' als Sprachhandlungen in diesem Sinne gehört zu den biologisch fundierten Tatsachen der Geschichte des Menschen,[72] und Sprachhandlungen zu verstehen heißt dann nichts anderes, als *durch sie* über einen Bereich weiterer Anführungshandlungen zu verfügen: Sprachzeichen – neben ihren lautlichen auch ihre graphischen Aktualisierungen – 'bezeichnen' das als *Invariante* gegenüber allen von ihnen jeweils angeführten Anführungshandlungen bestimmte Objekt und heißen im semiotischen Aspekt *Artikulatoren*, im pragmatischen Aspekt hingegen *Prädikationen*. Seit Platon ist es üblich, ihre jeweilige Funktion, also des semiotischen Aspekts von Sprachzeichenhandlungen *Signifikation* und die ihres pragmatischen Aspekts *Kommunikation* zu nennen.[73]

Allerdings muß man darauf achten, daß von Sprachzeichen in der Regel auch schon dann gesprochen wird, wenn sie nicht bloß andere Anführungshandlungen anführen, sondern gerade sich selbst *als* Anführung, nämlich wenn sie als schlichte artikulierende Anführungshandlungen auftreten, die darüber hinaus nur noch zeigen, daß es sich um eine Anführung handelt. Das ist in unserem Beispiel oben der Fall, wenn etwa das Schwimmen-Vormachen als Zeichen einer 'Körpersprache' für Schwimmen verwendet wird, aber es kann durchaus auch die ein Schwimmen begleitende Äußerung ‹schwimmen› in dieser Rolle auftreten; Sprachzeichen haben in solchen Fällen einen 'sinnlichen' (oder 'symptomatischen') und noch keinen 'begrifflichen' (oder 'symbolischen') Status.

Für den Übergang, der schon mit der Loslösung eines Zeichens

[72] Vgl. dazu das Standardwerk Lenneberg 1967.

[73] Vgl. Crat. 388b, wo Platon klarmacht, daß Reden der gegenseitigen Verständigung (διδάσκειν τι ἀλλήλους) und der Unterscheidung der Dinge (διακρίνειν τὰ πράγματα) dient.

vom Bezeichneten einsetzt, hat erstmals Charles Sanders Peirce (1839–1914) verschiedene Stufen unterschieden, die von der Ikonbildung bis zur Symbolbildung führen und die, in umgekehrter Reihenfolge durchlaufen, eine 'erklärende' Sequenz von 'Interpretanten', nämlich eine immer reichere Bestimmung des von einem Symbol bezeichneten Gegenstands bilden. Diese absteigende Sequenz, die auch bei Peirce in jedem ihrer Schritte schon dialogisch dargestellt ist, wenn er erklärt:

[S]igns require at least two quasi-minds, a quasi-utterer and a quasi-interpreter; and although these two are at one (i.e. are one mind) in the sign itself, they must nevertheless be distinct. In the sign they are, so to say, *welded*[74]

[Zeichen benötigen mindestens zwei Quasi-Subjekte (d.h. nicht empirisch, sondern begrifflich gefaßte Personen, K. L.), einen Quasi-Redner und einen Quasi-Hörer; und obgleich diese beiden im Zeichen selbst eins sind (d.i. ein Subjekt [d.h. das als Ich-Du-Dyade begriffene Selbst, K. L.]), so müssen sie gleichwohl auseinandergehalten werden. Im Zeichen sind sie sozusagen *verschmolzen*]

endet bei einem letzten Interpretanten, einem "ultimate logical interpretant"[75], den er ‹habit-change› nennt; damit wird genau der *Erwerb* einer (zuvor noch nicht vorhandenen – deshalb ‹change› und nicht nur ‹habit›) Handlungskompetenz, die 'Änderung einer Verhaltensgewohnheit' bezeichnet, der für unsere systematische Rekonstruktion eines Könnens in dialogischen Elementarsituationen den Ausgangspunkt bildet. Dabei ist die das Verständnis eines Rede- und Handlungszusammenhangs bildende und insoweit fundierende Handlungskompetenz, eben weil sie dieses Verständnis 'erklärt', mit allen Binnengliederungen, die sich absteigend oder aufsteigend in der Sequenz ergeben, zusammen zu sehen; jeder Interpretant ist die 'Übersetzung' einer Anführung in eine andere.[76]

If a Sign is other than its Object there must exist, either in thought or in expression some explication or argument or other context, showing how – upon what system or for what reason the Sign represents the Object or set of

[74] CP 4.551.

[75] In einem Brief an den Herausgeber von ›The Nation‹ (vermutlich 1906), CP 5.476 (dt. im 13. Aufsatz ‹Aus: Ein Überblick über den Pragmatizismus›, in Apel 1970, S. 460–500).

[76] Dies Verständnis der Konstruktionen von Peirce wurde erarbeitet in der bahnbrechenden historisch-systematischen Arbeit von Scherer 1984.

Objects that it does. Now the Sign and the Explanation together make up another Sign and since the Explanation will be a Sign it will probably require an additional Explanation which taken together with the already enlarged Sign will make up a still larger Sign; and proceeding in the same way, we shall, or should, ultimately reach a Sign of itself, containing its own Explanation and those of all its significant parts; and according to this Explanation each such part has some other part as its Object. According to this every Sign has, actually or virtually, what we may call a *precept* of Explanation, according to which it is to be understood as a sort of emanation, so to speak, of its Object.[77]

[Wenn ein Zeichen von seinem Gegenstand verschieden ist, so müssen entweder in Gedanken oder in Ausdrücken Erklärungen, Argumente oder andere Kontexte existieren, die zeigen, aufgrund welchen Systems oder welcher Gründe das Zeichen den Gegenstand oder die Menge der Gegenstände darstellt, die es darstellt. Nun bilden Zeichen und Erklärung zusammen ein anderes Zeichen, und da die Erklärung ein Zeichen sein wird, wird es wahrscheinlich einer weiteren Erklärung bedürfen, die zusammen mit dem bereits erweiterten Zeichen ein noch umfassenderes Zeichen bilden wird; fährt man in dieser Weise fort, so wird oder sollte man schließlich ein sich selbst bezeichnendes Zeichen erreichen, das seine eigene Erklärung und die aller seiner Bedeutung tragenden Teile enthält; nach dieser Erklärung hat jedes solche Teil ein anderes Teil zu seinem Gegenstand. Demgemäß führt jedes Zeichen tatsächlich oder der Möglichkeit nach etwas, was man eine Erklärungs*vorschrift* nennen könnte, mit sich, aufgrund deren es sozusagen als eine Art Ausfluß seines Gegenstands verstanden werden muß.]

Will man sich jetzt komplementär zum Prozeß der Objektbildung durch Identifizierung auch Klarheit über den Prozeß der Subjektbildung durch Differenzierung verschaffen, so muß man Ausführhandlungen voneinander unterscheiden können, und das heißt, die mit Hilfe der dialogischen Elementarsituationen dargestellte Erfahrung, ihr passiver Aspekt, ist als Kompetenz der Ausführung von Ausführungshandlungen in eigenen Anführungshandlungen zu erwerben, als ein Lernen, die Ich-Perspektive gegenüber einer Du-Perspektive zu entwickeln. Nur so werden die *verschiedenen* Subjekte in einer gemeinsamen Lebensweise sichtbar.

[77] Im Aufsatz ‹Meaning› (1910), CP 2.230; vgl. die sachlich, wenn auch nicht methodisch damit zusammenhängende, an reichem empirischen Material ausgebreitete Darstellung von Cassirer über die gegenseitige Abhängigkeit zwischen der Trennung von Zeichen und Bezeichnetem auf der einen Seite und der Trennung von Ich und Welt auf der anderen Seite im zweiten, dem mythischen Denken gewidmeten Band der ›Philosophie der symbolischen Formen‹, S. 31 ff. und öfter.

Wir sind wieder beim praktisch-vermittelnden Aspekt von Handlungen, jetzt aber zweiter Ordnung, angekommen, nämlich in ausdrücklichen Lehr-Lern-Situationen für das 'Den-eigenen-Weg-finden'. Hieß der theoretisch-artikulierende Aspekt zweiter Ordnung eine (betrachtend verwendete) *Sprache*, so steht es im Einklang mit Analysen von Hermann Broch (1886–1951) in seinem großen Essay ›Hofmannsthal und seine Zeit‹ (1947/48), wenn wir den praktisch-vermittelnden Aspekt zweiter Ordnung einen (im Vollzug sich äußernden) *Stil* nennen.[78]

Werden Objekte sprachlich bestimmt, so sind Subjekte stilistisch markiert. Aber natürlich wissen wir schon, daß diese Unterscheidung überhaupt nur vollzogen werden kann, weil wir die Erfahrung der Entfremdung teilen. Das Subjekt wird objektiviert, und zwar zu einem naturalen Objekt, wenn die Umgangsformen mit ihm, insbesondere mit seinen Tätigkeiten, diese nur in ihrem pragmatischen, nicht aber in ihrem semiotischen Anteil berücksichtigen; semiotische Anteile gibt es dann nur bei den Umgangsformen des 'erklärenden Beobachters'. Bei der Objektivierung zu einem kulturalen Objekt hingegen zählen dessen Tätigkeiten nur in ihrem semiotischen Anteil, in Gestalt der Intentionen, insofern es handelt, und in Gestalt der Meinungen, insofern es redet, aber natürlich einschließlich der Redeintentionen selbst; wir haben es mit einem 'verstehenden Beobachter' zu tun.

Der Zusammenhang beider Objektivierungen läßt sich jedoch ersichtlich erst dann zureichend bestimmen, wenn man über ein Verfahren verfügt, vom pragmatischen Anteil von Handlungen zu ihrem semiotischen überzugehen und umgekehrt. Genau darin besteht aber das – allerdings nur um die Gefahr erheblicher Mißverständnisse, wie wir gesehen haben, auch mit ‹Rollenübernahme› bezeichnete – Verfahren der dialogischen Rekonstruktion, bei der ein Subjekt einem anderen Subjekt gegenübertritt; der Beobachter wird zum Teilnehmer.

[78] Broch beschränkt sich zwar auf mit dem 'Sprachsinn' hergestellte Artefakte, aber seine Überlegungen sind so abgefaßt, daß sie ohne weiteres auch auf das Finden der eigenen Lebensweise anwendbar sind, nämlich als Ausbildung einer Fähigkeit zur Organisation der Handlungsvollzüge bzw. ihrer Resultate, damit sie zur Darstellung des gesamten Rede- und Handlungszusammenhangs taugen: „Jeder echte Stil bedeutet Hervorhebung einer Welt-Essentialität." Lützeler 1974–1980, Band 9/1, S. 131; vgl. Lorenz 1986.

Gleichwohl muß es als ein entscheidender Schritt hin zu einem angemessenen Verständnis vom Verhältnis zwischen einer naturalen und einer kulturalen Bestimmung des Menschen angesehen werden, wenn kulturale Bestimmungen auf der Ebene der Darstellung gegenüber der Ebene der Gegenstände, wo die naturalen Bestimmungen ihren Platz haben, begriffen sind. Erst die Behandlung der Ebene der Darstellung, und damit der Zeichen, als bloß einer zweiten eigenständigen Gegenstandsebene, nämlich derjenigen mentaler Phänomene im Unterschied zur ersten Gegenstandsebene körperlicher Phänomene, behindert die Einsicht, daß auf Darstellungen Einfluß genommen werden kann, eben durch aneignende Überführung ins Darstellen.

Leibniz ist der erste gewesen, der die mit der cartesischen Nebenordnung von *res extensa* und *res cogitans* verbundenen Probleme lösen konnte, indem er beide Reiche begrifflich einwandfrei in ein Überordnungsverhältnis gebracht hat: Die *Darstellung* der Ursache-Wirkungs-Zusammenhänge, wie sie auf der Ebene der 'Körper' bestehen, macht Zweck-Mittel-Zusammenhänge auf der Ebene der 'Seelen' sichtbar. Allerdings gibt es bei ihm noch keine Übergänge: Es besteht allein eine strukturelle Übereinstimmung, eine 'Isomorphie' der 'Körpersprache', also der Physik als der durch Wirkursachen geordneten Theorie von den Bewegungen der Körper und der Ethik in Gestalt einer Teleologie als der durch Zweckursachen geordneten Theorie von den Handlungen der Seelen, die Leibniz im Lehrstück von der 'prästabilierten Harmonie' zusammengefaßt hat.[79]

Der geniale Schachzug von Leibniz besteht in der Überführung des 'empirischen Subjekts', also des einen Menschen als Menschen, eigentlich aber nur mich, ausmachenden Bündels mentaler Tätigkeiten, wie es bei Descartes der Fall war, in ein 'logisches Subjekt', einen voll entfalteten 'Namen', kraft dessen *jeder* Gegenstand zu einem Individuum und damit 'lebendig' wird, dem letzten Interpretanten bei Peirce ähnlich, sofern man nur dessen Zeichenanteil berücksichtigt.[80] Logische Subjekte sind 'Monaden' oder auch einfache bzw. individuelle Substanzen, und um sie genauer zu bestim-

[79] Die gedrängteste Darstellung findet sich in der ›Monadologie‹ (1714), §§78–81; vgl. Holz 1965, S. 438–483.

[80] Damit stimmt überein, daß Peirce schon 1868 den Menschen ein Zeichen nennt; vgl. CP 5.314 (dt. im 2. Aufsatz ‹Einige Konsequenzen aus vier Unvermögen›, in Apel 1967, S. 184–231).

men, empfiehlt Leibniz, den Begriff, den ich von mir selbst habe, zugrunde zu legen.[81] Daraus folgert er, daß Monaden aus Sequenzen 'interner Zustände' (*états intérieurs*), den 'Perzeptionen' bestehen, die durch 'innere Handlungen' (*actions internes*), den Prinzipien der Veränderung (*appétitions*), miteinander verbunden sind, wobei aber Perzeptionen nicht als Wahrnehmungen im Sinne von Daten aufgefaßt werden dürfen, vielmehr Zeichenhandlungen bilden, nämlich Darstellungen des Zusammengesetzten oder dessen, was außen ist, im Einfachen.[82]

Die Perzeptionen als *Zeichen*handlungen stellen Körper dar, auch den eigenen Körper des Perzipierenden, diesen sogar deutlicher als die anderen, als Zeichen*handlungen* machen sie den Perzipierenden, die Monade, aus. In diesem Sinne ist jede Monade ein 'Spiegel', nämlich eine Perspektive, des Universums.

Cassirer hat dieser Idee, dabei durchaus auf Leibniz fußend,[83] in Gestalt einer umfassenden Darstellung des Zeichencharakters der geistigen Welt, wie sie in seiner ›Philosophie der symbolischen Formen‹ vorliegt, zum endgültigen Durchbruch verholfen. Allerdings auch er im Banne der klassischen Tradition noch 'von oben': Von der „Region des 'objektiven Geistes' [...] aus suchen wir, durch eine rückschließende und 'rekonstruktive' Betrachtung, den Zugang zum Bereich der 'Subjektivität' zu gewinnen"[84], insbesondere also zum Bereich des Ausdrucksverstehens in der mythischen Weltgestaltung, der vor dem Wissen um Dinge liegt. Nur „wenn man in das Zwischenreich der 'symbolischen Formen' eingeht, wenn man die verschiedenartigen Bild-Welten betrachtet, die der Mensch *zwischen* sich und die Wirklichkeit stellt [...], um sie in dieser Abrückung erst in das Blickfeld zu bekommen – um sie von der bloßen Tastbarkeit, die die unmittelbare Nähe verlangt, zur Sichtbarkeit zu erheben", versteht man den Weg, „der von dem Greif- und Wirk-Raum, in dem das Tier lebt und in den es gleichsam gebannt

[81] «[P]our jouger de la notion d'une substance individuelle, il est bon de consulter que j'ay de moy même», heißt es in einem Brief an Arnauld (1686), GP II, S. 52.

[82] «*perceptions* (c'est-à-dire, les representations du composé, ou de ce qui est dehors, dans le simple)». ›Principes de la nature et de la grâce, fondés en raison‹ (1714), § 2; vgl. Holz 1965, S. 414–439; für eine zusammenhängende Darstellung vgl. Lorenz 1989b.

[83] Vgl. Cassirer 1902.

[84] PSF III, S. 78.

bleibt, zum Anschauungs- und Denk-Raum, zum geistigen Horizont 'hinführt'"[85].

Nicht an beliebigen Handlungen wird ihr Zeichencharakter bestimmt, was nur ein dialogischer Handlungsbegriff offenlegen würde, sondern erst mit der Distanzierung zu eigenständigen Zeichenhandlungen, zum Bereich des 'reinen Gestaltens', wo der 'Funktionscharakter der reinen Form' sichtbar wird, wie Cassirer sagt, tritt man in den Kreis der Menschen ein.[86]

Bleibt Plessner bei seinem Versuch einer dialektischen Vermittlung von Gegenstands- und Zeichenebene primär pragmatisch orientiert, indem er das Bewußtsein zu einer Phase der Handlung macht – selbst Reflexion ist noch ein natürliches Vermögen –, so ist Cassirer bei seinem Versuch, Gegenstands- und Zeichenebene kritisch zu sondern, primär semiotisch orientiert: Allein in der Darstellung werden unmittelbare Handlungen zugänglich.

Beide wenden sich konsequent gegen Schelers absolute Entgegensetzung von Geist und Leben, nur aus verschiedenen Gründen: bei Plessner deshalb, weil der geistige Anteil an den Lebensvollzügen, auch den körperlichen, unterschlagen wird, bei Cassirer deshalb, weil der Handlungscharakter der geistigen Welt verlorengeht. Mit der Einsicht, daß in Zeichenhandlungen Menschen zeigen, wer sie sind, ist zwar die Kultur als Symbolwelt von der Natur begrifflich scharf geschieden und der einzelne Mensch als kulturales Objekt, nämlich als Ensemble von Zeichenhandlungen, ausgezeichnet, gewöhnliche Handlungen hingegen, der gesamte Bereich der Ausführungshandlungen im Unterschied zu den Anführungshandlungen unserer dialogischen Rekonstruktion, kommen nur noch objektiviert zu naturalem Verhalten, mithin allein als *Gegenstand* von Zeichenhandlungen vor; ein Mensch als naturales Objekt ist Gegenstand insbesondere der verschiedenen wissenschaftlichen Disziplinen der physischen Anthropologie.

Die Folgen, selbst für eine symbolische Anthropologie innerhalb der methodisch verschiedenen Richtungen der Kulturanthropologie, sind offensichtlich: Die in ihren Handlungen Verstandenen – damit werden deren Handlungen als Zeichenhandlungen identifi-

[85] In Cassirers kritischer Besprechung von Schelers ›Die Stellung des Menschen im Kosmos‹, Cassirer 1930, S. 259.

[86] Über die daraufhin auch für Cassirer ungelöste Frage nach der Differenz zwischen Ich–Es und Ich–Du – von Buber ausdrücklich behandelt in ›Ich und Du‹ (1923) – unterrichtet Kajon 1988.

ziert – bleiben trotz aller 'hermeneutischen' Anstrengungen bloß Beobachtete; auch die Handlungen des Kulturanthropologen treten ihnen gegenüber nur als Zeichenhandlungen auf, z. B. bei einer Befragung, mit der ein Zweck verfolgt wird, für den jede Antwort zwar als Reaktion brauchbar, als Antwort aber ohne Interesse ist. Ein Handlungs- und Redezusammenhang ist nicht gebildet worden.

Johannes Fabian (*1937) hat in kritischen Essays zur Kulturanthropologie sehr deutlich den Finger auf diese Wunde gelegt:

If successful, such description [of symbolic anthropology, K. L.] moves the ethnographer's audience to approval or rejection, as the case may be, but it avoids calling the Knower and the Known into the same temporal arena [...]. This is inevitable as long as anthropology remains fixed on symbolic mediations whose importance no one denies but which, after all, should be the field of encounter with the Other in dialectical terms of confrontation, challenge, and contradiction, not the protective shield which cultures hold up against each other. So far, it seems, fixation on the symbolic favoured maintaining the stance of the viewer, observer, perhaps the decipherer of cultural 'texts': the Other remains an object, albeit on a higher level than that of empiricist or positivist reification.[87]

[Wenn erfolgreich, so bringt eine solche Beschreibung der symbolischen Anthropologie die Zuhörer des Ethnographen dazu, je nach Fall zuzustimmen oder zu widersprechen, aber es wird vermieden, den Erkennenden und den Erkannten in eine zeitgleiche Situation für Auseinandersetzung zu bringen (...). Das ist seinerseits so lange unvermeidlich, als die symbolische Anthropologie auf symbolische Vermittlungen fixiert bleibt, deren Wichtigkeit zwar niemand in Abrede stellt, die aber gleichwohl das Feld von Auseinandersetzungen mit dem Anderen bilden sollten, in der dialektischen Gestalt von Konfrontation, Infragestellung und Widerspruch, und nicht den Schutzschild zur gegenseitigen Abschirmung zwischen Kulturen. Bislang, so scheint es, hat die Fixierung auf das Symbolische es begünstigt, daß die Warte eines Zuschauers, Beobachters oder vielleicht eines Entschlüsselers von kulturalen 'Texten' eingenommen wird; der Andere bleibt Objekt, wenn auch auf höherer Ebene als bei empiristischer oder positivistischer Vergegenständlichung.]

Fabian fordert unter Berufung auf die erste von Marx' elf Thesen über Feuerbach[88], daß auch die 'produzierende', nicht nur die 'dar-

[87] Fabian 1983; von besonderem Interesse ist seine Analyse der Auszeichnung des 'Sehens' im Zusammenhang von Zeichenhandlungen und die damit verbundene Rolle der Barbour-Page-Lectures von Alfred North Whitehead (1861–1947) unter dem Titel ›Symbolism. Its meaning and effect‹ (1928).

[88] Die entscheidende Passage lautet: „Der Hauptmangel alles bisherigen Materialismus [...] ist, daß der Gegenstand, die Wirklichkeit, Sinnlichkeit,

stellende' Seite der menschlichen Kultur beachtet werden müsse und zitiert zustimmend Pierre Bourdieu (* 1930):

Objectivism constitutes the social world as a spectacle presented to an observer who takes up a 'point of view' on the action, who stands back so as to observe it and, transferring into the object the principles of his relation to the object, conceives of it as a totality intended for cognition alone, in which all interactions are reduced to symbolic exchanges.[89]

[Objektivierung konstituiert die soziale Welt als Schauspiel, das einem Beobachter dargeboten wird, der einen 'Gesichtspunkt' dem Handlungszusammenhang gegenüber einnimmt, der zurücktritt, um ihn zu beobachten, und ihn – dadurch, daß er die Prinzipien seiner Beziehung zum Objekt ins Objekt verlegt – als ein Ganzes, das nur erkannt werden soll, auffaßt, also so, daß alle Interaktionen auf symbolischen Austausch reduziert sind.]

Beide Seiten zusammenzubringen, ohne die eine der anderen zu opfern, wie es durch unsere dialogische Rekonstruktion vermieden wird, hat dann Folgen, die sich so ausdrücken lassen: Ich *weiß* nicht nur, daß ich mich von mir, insbesondere auch von meinem Leib als Körper und von der übrigen Umwelt, distanzieren kann – darin würde ich nur etwas Gattungsbezogenes, etwas als 'ein Mensch', vollziehen –, ich *handle* auch durch Eintreten in stets wieder neue Beziehungen, sowohl gegenüber anderen wie meinem 'alten Ich' gegenüber – darin erfahre ich mich, als 'Ich', in einem Ich-Du-Zusammenhang, und das ist etwas Individuenbezogenes.

Diesem Verständnis der menschlichen Exzentrizität gemäß hat Camus gehandelt, es aber als ein allgemeines Wissen formuliert, während Kamlah genau umgekehrt dies gewußt hat, hingegen für die Formulierung sich einer allgemeinen Handlungsregel bedient. Camus spricht von seiner 'ersten Wahrheit' (*la première de mes vérités*) und gibt ihr in kritischer Anspielung auf Descartes' erste Gewißheit «je pense, donc je suis»[90] [ich denke, also bin ich] im letzten Satz des ersten Essays von ›L'homme révolté‹ die Fassung: «je me révolte, donc nous sommes»[91] [ich revoltiere, also sind wir]. Kamlah hingegen spricht von der 'Anerkennung einer Forderung' und for-

nur unter der Form des *Objekts oder der Anschauung* gefaßt wird; nicht aber als *sinnlich menschliche Tätigkeit*, Praxis; nicht subjektiv. [...]", Lieber 1971, II, S. 1.

[89] Fabian 1983, S. 141; der zitierte Text steht bei Bourdieu 1977, S. 96.

[90] Im 4. Teil des ›Discours de la méthode‹ (1637); vgl. die dt. Ausgabe unter dem Titel ›Von der Methode‹ bei Gäbe 1960.

[91] ES, S. 432.

muliert sie in Gestalt einer Grundlage für Kants kategorischen Imperativ[92] mit folgenden Worten: „Beachte, daß die Anderen bedürftige Menschen sind wie du selbst, und handele demgemäß.“[93]

In beiden Fällen wird mit einer Erfahrung begonnen, einer individuellen Handlung, dem ‹ich revoltiere› bei Camus, mit einer allgemeinen Einsicht ‹wir Menschen alle sind bedürftig und sind aufeinander angewiesen› bei Kamlah, also im ersten Fall mit der Erfahrung, über eine Fähigkeit zu verfügen, und im zweiten Fall mit der schon objektivierten Erfahrung, ein Mängelwesen zu sein. Daraus ergibt sich für Camus ein allgemeiner Appell – «il nous faut trouver en elle [d. h. der Revolte] nos valeurs»[94] [wir müssen in ihr unsere Werte finden] –, den er aber als Urteil formuliert, während Kamlah die aus der Erfahrung eigener Bedürftigkeit abgeleitete Einsicht, daß der Mensch ein Mängelwesen ist, als eine Norm, 'die praktische Grundnorm', formuliert.

Kamlah drückt sich praktisch aus, unter Verwendung einer Norm, obwohl er in seinen Überlegungen dazu sehr 'theoretisch', sich als Vertreter auch jedes anderen Menschen verstehend, vorgeht. Geben wir seiner Grundnorm die knappe Fassung ‹handle rücksichtsvoll›, so hat sie einen als Begründung auftretenden Nachsatz ‹denn auch die anderen können nicht alles, was sie wollen›, der eigentlich nur die 'Grunderfahrung' darstellt, wie sie bei ihm in der auf die normative Ethik (= Moralphilosophie) folgenden eudämonistischen Ethik (= Philosophie als Lebenskunst) thematisiert ist und dort die Erfahrung des Leben-Könnens als Sich-loslassen-Können, einem Widerfahrnis Sich-überlassen-Können charakterisieren soll.[95] Umgekehrt wählt Camus mit einem Schluß eine theoretische Ausdrucksweise, obwohl seine Überlegungen durchgängig im Kontext 'praktischer' Erfahrungen, der Auseinandersetzung mit seinen Zeitgenossen, stehen. Formulieren wir seine 'erste Wahrheit' um und geben ihr die Gestalt ‹ich lehne mich gegen das Leid auf› mit dem Nachsatz ‹und darin entdecke ich das gemeinsame Leid, daß man nicht alles kann, was man will›, so ist offenkundig, daß der Nachsatz nur den alles Reden und Handeln fundierenden Lebensvollzug artikuliert und keineswegs korrekt als eine Konsequenz aus dem Vordersatz auftreten kann.

[92] Vgl. S. 43.
[93] Kamlah 1972, S. 95; vgl. zum Zusammenhang mit Kant, ebd. S. 138.
[94] ES, S. 431.
[95] Kamlah 1972, bes. S. 152 und 158 ff.

Die Komplementarität zwischen Kamlah und Camus beschränkt sich jedoch nicht auf die anthropologischen Überlegungen, sie hat auch ihrem Sterben das Siegel aufgedrückt. Kamlah überzieht eine Camussche Konsequenz: Er lehnte sich gegen ein zu schwer gewordenes Leben auf und wählte den Freitod; Camus erfährt eine ihre Grenzen sprengende Kamlahsche Konsequenz: Er mußte einen sinnlosen Tod durch einen Autounfall hinnehmen. Was bei Camus scheinbar monologisch, nur selber denkend, in der natürlich nur beschriebenen Durchführung jedoch als eine solidarische Anstrengung auftritt, verläuft bei Kamlah scheinbar dialogisch, den anderen einbeziehend, in der beschriebenen Durchführung aber als eine Leistung des Einzelnen.

Wir können jetzt auch den Grund dafür angeben: Camus setzt auf der Ebene der Darstellung mit der Erfahrung mißlungener Verständigung ein, der 'Erfahrung des Absurden', und macht deshalb von einem Appell zur Überwindung der mißlungenen Verständigung in der Revolte Gebrauch, obwohl auf der Handlungsebene die Revolte den Anfang einer bereits praktisch ein Stück weit vollzogenen Verständigung bildet. Umgekehrt läßt Kamlah auf der Handlungsebene der Erfahrung der 'Homologie', also des gegenseitigen 'Verstehens', nämlich über das Aufeinander-Angewiesensein, den Appell zur Wiederholung der gelungenen Verständigung folgen, die in der Eudämonie, der ‹wissenden Gelöstheit›, gelinge, obwohl allein auf der Darstellungsebene ein solcher Zusammenhang gerade nicht herstellbar ist.[96]

Damit sind auch die Grenzen des Vergleichs erreicht, insofern Camus durch die Art der Darstellung, die nie bloß begrifflich erfolgt, ständig in das Dargestellte korrigierend eingreifen kann, was Kamlah nicht möglich ist. So vermag Camus das zugleich Subjektsein und Objektsein auch in der Darstellung aufrechtzuerhalten und dadurch der ständig drohenden Identifizierung des Du als Objekt mit dem Du als Subjekt gegenzusteuern.

Selbstbestimmung als Sich-im-Anderen-Erkennen ist weder eine Aufforderung zur Herstellung einer allgemeinen Übereinstimmung in Weltansichten und Lebensweisen noch die Feststellung einer

[96] Diese Diskrepanz zwischen Leben-Können und Darstellung des Leben-Könnens wird zu einem Hauptantrieb für die Entwicklung der Ereignisse in dem u. a. um die Person Kamlahs in poetischer Verfremdung gebauten Schlüsselroman von Karin Lindemann ›Sie verschwanden im erleuchteten Torbogen‹, Walter-Verlag, Olten 1982.

'im Grunde' längst bestehenden solchen Übereinstimmung, sondern ein Begreifen, daß der andere ein *Zeichen* für mich, mich bezeichnend, ist. Die anderen, einschließlich meiner selbst, wie ich jeweils war, bilden je verschiedene Ansichten von mir und sind so Stadien im Prozeß der Individuation und der Sozialisation. Dieser Prozeß wird immer dann unterbrochen, wenn ich einen Anderen zum Nachahmer mache oder mich selbst dem Bild, das ein Anderer von mir hat, unterwerfe. Wohl aber folgt aus dem Einander-ein-Zeichen-Sein, daß jeder einzelne Mensch, der dies begreift, zum Zeichen des allgemeinen Menschen, des 'Menschseins', wird und daher der Zusammenhang zwischen einem individuellen Menschen und dem allgemeinen Menschen nur über Abgrenzung und Verbundenheit zwischen den verschiedenen Personen herstellbar ist. In den Rede- und Handlungszusammenhängen, wie sie in der dialogischen Rekonstruktion begriffen sind, lernen wir, jeweils *ein* Zeichen in ein *anderes* zu überführen, mit Ich und Du in der Hinsicht des gerade bestehenden Rede- und Handlungszusammenhanges als gleichermaßen Mensch umzugehen. Es gilt dabei der Tendenz zur Einebnung des Unterschieds zwischen Gegenstandsebene und Zeichenebene, die wegen der in der dialogischen Rekonstruktion sichtbar gewordenen Übergangsmöglichkeit zwischen beiden Ebenen noch stärker geworden ist, zu widerstehen; sonst besteht die große Gefahr, die im Handlungs*vollzug* allein tatsächlich fehlende Unterscheidung von Zeichen und Gegenstand fälschlich als vermittelbar in einer Handlungs*darstellung* zu denken.

Dieser Gefahr zu begegnen ist auch das Ziel der meisten Koans im Zen-Buddhismus: „Als der Großmeister Ma [jap.: Baso] einmal mit [seinem Schüler Huai-hai, dem späteren Meister] Bai-dschang [jap.: Hyakujō] übers Feld ging, sahen sie eine Wildente vorbeifliegen. Ma sagte: ‹Was ist das?› Bai-dschang sagte: ‹Das ist eine Wildente.› Ma sagte: ‹Wohin ist das?› Bai-dschang sagte: ‹Das ist fortgeflogen.› Da drehte Ma die Nasenspitze Bai-dschangs herum. Bai-dschang schrie auf vor Schmerzen. Ma sagte: ‹Da, wie kann das fortgeflogen sein.›“[97]

[97] Koan 53 der Sammlung Bi-yän-lu [jap.: Hekiganroku], dt. von Wilhelm Gundert (Debon 1973); vgl. den Kommentar in Sekida 1977, S. 294 f.

BIBLIOGRAPHIE

Neben der in den Anmerkungen genannten Literatur sind an dieser Stelle noch weitere für eine philosophische Anthropologie wichtige Werke älterer und neuerer Zeit aufgeführt. Dabei wurden die für eine erste begleitende Lektüre besonders geeigneten Werke neuerer Zeit in einem eigenen Abschnitt der allgemeinen Übersicht vorangestellt. Sofern auf Standardausgaben oder klassische Werke unabhängig von bestimmten Ausgaben mit Abkürzungen statt mit Erscheinungsjahr verwiesen worden ist, gelten die nachfolgenden Erläuterungen.

1. Zitierweise

Die Schriften von Platon und Aristoteles werden in der üblichen Weise mit abgekürztem lateinischen Werktitel und gegebenenfalls der Seiten- und Zeilenangabe nach den alten Ausgaben von Stephanus (Paris 1578) und Becker (Berlin 1831–1870) zitiert.

Auf die Werke von Seneca, Augustin, Descartes, Pascal, Hobbes, Spinoza, Leibniz, Kant, Herder, Humboldt, Feuerbach, Marx, Nietzsche, Dilthey wird in der Regel mit Titel und der jeweils üblichen näheren Angabe (Kapitel, Abschnitt usw.) verwiesen, so daß wiederum in der Regel eine beliebige Ausgabe neben der benannten herangezogen werden kann.

2. Siglen

VS = H. Diels, Die Fragmente der Vorsokratiker. Griechisch und Deutsch I–III (1903), ab 5. Auflage hrsg. v. W. Kranz, Berlin ^{17}1974.

SV = Stoicorum veterum fragmenta I–IV, hrsg. v. J. v. Arnim (IV, hrsg. v. M. Adler), Leipzig 1903–1924, ND Stuttgart 1964.

GP = Die philosophischen Schriften von G. W. Leibniz I–VII, hrsg. v. C. I. Gerhardt, Berlin / Leipzig 1875–1890.

CP = Collected Papers of Charles Sanders Peirce I–VIII, hrsg. v. C. Hartshorne / P. Weiss (VII–VIII, hrsg. v. A. W. Burks), Cambridge, Mass. 1931–1958.

NSW = Friedrich Nietzsche, Sämtliche Werke. Kritische Studienausgabe in fünfzehn Bänden, hrsg. v. G. Colli / M. Montinari, Berlin / New York 1980.

PSF = Ernst Cassirer, Philosophie der symbolischen Formen I–III, Berlin 1923–1929, Darmstadt ^{2}1953–1954.

PGS = Helmuth Plessner, Gesammelte Schriften I–X, hrsg. v. G. Dux / O. Marquard / E. Ströker, Frankfurt a. M. 1980–1985.

ES = Albert Camus. Essais, Paris 1965.

NA = Neue Anthropologie I–VII, hrsg. v. H.-G. Gadamer / P. Vogler, München / Stuttgart 1972–1975.

WP = Historisches Wörterbuch der Philosophie I– , hrsg. v. J. Ritter, mit dem 4. Band fortgeführt von K. Gründer, Basel / Stuttgart 1971 ff.

3. *Zur einführenden Lektüre empfohlen*

Apostel, L., Pragmatique praxéologique. Communication et action, in: Le langage en contexte. Études philosophiques et linguistiques de pragmatique, hrsg. v. H. Parret, Amsterdam 1980, S. 191–315.

Arendt, H., The Human Condition, Chicago 1958 (dt. Vita activa oder Vom tätigen Leben, München 1981).

Buber, M., Das Problem des Menschen, Heidelberg 1948.

Caillois, R., Les jeux et les hommes (Le masque et le vertige), Paris 1958 (dt. Die Spiele und die Menschen. Maske und Rausch, München 1961).

Camus, A., Le mythe de Sisyphe. Essai sur l'absurde, Paris 1942 (dt. Der Mythos von Sisyphos. Ein Versuch über das Absurde, Hamburg 1959).

Camus, A., L'homme révolté, Paris 1952 (dt. Der Mensch in der Revolte, Hamburg 1953).

Cassirer, E., An Essay on Man. An Introduction to a Philosophy of Human Culture. New Haven 1944 (dt. Was ist der Mensch? Versuch einer Philosophie der menschlichen Kultur, Stuttgart 1960); Neuübers. Versuch über den Menschen, Einführung in eine Philosophie der Kultur, Frankfurt a. M. 1990).

Dawkins, R., The Selfish Gene, Oxford 1976 (dt. Das egoistische Gen, Berlin 1978).

Dewey, J., Human Nature and Conduct. An Introduction to Social Psychology, New York 1922.

Elias, N., Die Gesellschaft der Individuen (hrsg. v. M. Schröter), Frankfurt a. M. 1987.

Fabian, J., Time and the Other. How Anthropology Makes Its Object, New York 1983.

Flam, L., L'homme et la conscience tragique, Bruxelles / Paris 1964.

Gehlen, A., Der Mensch. Seine Natur und seine Stellung in der Welt, Leipzig 1940, Frankfurt a. M. ^{9}1971.

Gilligan, C., In a Different Voice, Cambridge, Mass. 1982 Jonas, H., Zwischen Nichts und Ewigkeit. Drei Aufsätze zur Lehre vom Menschen, Göttingen 1963, ^{2}1987.

Kahler, E., Man the Measure. A New Approach to History, London 1945.

Kamlah, W., Philosophische Anthropologie, Sprachkritische Grundlegung und Ethik, Mannheim 1972.

Mead, G. H., Mind, Self and Society from the Standpoint of a Social Behaviorist (hrsg. v. C. W. Morris), Chicago 1934, pb 1962 (dt. Geist, Identität und Gesellschaft aus der Sicht des Behaviorismus. Mit einer Einleitung herausgegeben von Charles W. Morris, Frankfurt a. M. 1968).

Mühlmann, W. E., Geschichte der Anthropologie, Frankfurt a. M. ^{2}1968.

Pannenberg, W., Was ist der Mensch? Die Anthropologie der Gegenwart im Lichte der Theologie, Göttingen 1962, ^{7}1985.

Plessner, H., Die Stufen des Organischen und der Mensch [1928] = PGS IV.

Scheler, M., Die Stellung des Menschen im Kosmos, Darmstadt 1930, Bern / München ^{6}1962.

v. Weizsäcker, C. F., Der Garten des Menschlichen. Beiträge zur geschichtlichen Anthropologie, München / Wien 1977.

Wickler, W., Antworten der Verhaltensforschung, München 1970.

4. Literaturliste

Agassi, J., Towards a Rational Philosophical Anthropology, The Hague 1977.

Améry, J., Jenseits von Schuld und Sühne. Bewältigungsversuche eines Überwältigten, München 1966, TB 1988.

Apel, K.-O. (Hrsg.), Charles Sanders Peirce. Schriften I. Zur Entstehung des Pragmatismus, Frankfurt a. M. 1967.

Apel, K.-O. (Hrsg.), Charles Sanders Peirce. Schriften II. Vom Pragmatismus zum Pragmatizismus, Frankfurt a. M. 1970.

Apel, K.-O. (Hrsg.), Sprachpragmatik und Philosophie, Frankfurt a. M. 1976.

Apel, K.-O. / Manninen, J. / Tuomela, R. (Hrsg.), Neue Versuche über Erklären und Verstehen, Frankfurt a. M. 1978.

Apel, K.-O., Die Erklären: Verstehen – Kontroverse in transzendentalpragmatischer Sicht, Frankfurt a. M. 1979.

Ariès, P. / Béjin, A., u. a. (Hrsg.), Sexualité occidentale (Communications 35), Paris 1982 (dt. Die Masken des Begehrens und die Metamorphosen der Sinnlichkeit. Zur Geschichte der Sexualität im Abendland, Frankfurt a. M. 1984).

Auwärter, M. / Kirsch, E. / Schröter, K. (Hrsg.), Seminar: Kommunikation, Interaktion, Identität, Frankfurt a. M. 1976.

Axelrod, R., Evolution of Cooperation, New York 1985 (dt. Die Evolution der Kooperation, München 1987).

Barry, B. / Hardin, R. (Hrsg.), Rational Man and Irrational Society? An Introduction and Sourcebook, London 1982.

Bartels, K. (Hrsg.), Was ist der Mensch? Texte zur Anthropologie der Antike, München 1975.

Barth, K., Mensch und Mitmensch, Göttingen 1954.

Barth, K., Die kirchliche Dogmatik III (Die Lehre von der Schöpfung). Erster Teil, Zürich ^{3}1957.

Barthes, R., Éléments de Sémiologie (Communications 4), Paris 1964 (dt. Elemente der Semiologie, Frankfurt a. M. 1983).

Béky, G., Die Welt des Tao, Freiburg / München 1972.

Berger, L. P. / Luckmann, Th., Die gesellschaftliche Konstruktion der Wirklichkeit, Frankfurt a. M. 1972.

Bergson, H., L'évolution créatrice, Paris 1907, [52]1940.

Berkowitz, L., Agression. A Psychological Analysis, London 1962.

Bilz, R., Wie frei ist der Mensch? Paläoanthropologie Band 1, Frankfurt a. M. 1971.

Blumenstock, K. (Hrsg.), Spinoza. Tractatus de intellectus emendatione. Ethica, Darmstadt 1967.

Böhme, G., Anthropologie in pragmatischer Hinsicht. Darmstädter Vorlesungen, Frankfurt a. M. 1985.

Boesch, E. E., Kultur und Handlung. Einführung in die Kulturpsychologie, Bern / Stuttgart / Wien 1980.

Bolin, W. / Jodl, F. (Hrsg.), Ludwig Feuerbach. Sämmtliche Werke I–X, Stuttgart 1903–1911, ND 1960.

Bollnow, O. F., Das Wesen der Stimmungen, Frankfurt a. M. 1941, [5]1974.

Bourdieu, P., Outline of a Theory of Practice, Cambridge 1977 (dt. – aus dem Frz. – Entwurf einer Theorie der Praxis, Frankfurt a. M. 1976).

Brain, C. K. / Sillen, A., Evidence from the Swartkrans Cave for the earliest use of fire, in: Nature 336 (1988), S. 464–466.

Brecht, F. J., Vom menschlichen Denken. Beiträge zur Grundlegung einer philosophischen Anthropologie, Heidelberg 1955.

Brüning, W., Philosophische Anthropologie. Historische Voraussetzungen und gegenwärtiger Stand, Stuttgart 1960.

Buber, M., Ich und Du [1923], zusammen mit einem Nachwort in: ders., Das dialogische Prinzip, Heidelberg 1962, S. 7–136.

Bultmann, R., Das Christentum im Rahmen der antiken Religion, Zürich [3]1963.

Buytendijk, F. J. J., Das Menschliche. Wege zu seinem Verständnis, Stuttgart 1958.

Campbell, D. T. / LeVine, R. A., Propositions about Ethnocentrism from Social Science Theories, Chicago 1965.

Carrier, M. / Mittelstraß, J., Geist, Gehirn, Verhalten. Das Leib-Seele-Problem und die Philosophie der Psychologie, Berlin / New York 1989.

Cassirer, E., ‹Geist› und ‹Leben› in der Philosophie der Gegenwart, in: Die Neue Rundschau 41 (1930) I, S. 244–264.

Cassirer, E., Leibniz' System in seinen wissenschaftlichen Grundlagen, Marburg 1902, ND Hildesheim 1962.

Chang, Chung-Yuan, Tao, Zen und schöpferische Kraft, Düsseldorf / Köln 1975.

Claessens, D., Das Konkrete und das Abstrakte. Soziologische Skizzen zur Anthropologie, Frankfurt a. M. 1980.

Clark, S. R. L., Aristotle's Man. Speculations upon Aristotelian Anthropology, Oxford 1975.

Cohn, L. / Wendland, P. (Hrsg.), Philonis Opera I–VII, Berlin 1896–1930, ND 1962.
v. Cranach, M. / Foppa, K. / Lepenies, W. / Ploog, D. (Hrsg.), Human Ethology. Claims and Limits of a New Discipline, Cambridge / Paris 1979.
Davidson, D., Essays on Actions and Events, Oxford 1980 (dt. Handlung und Ereignis, Frankfurt a. M. 1985).
Debon, G. (Hrsg.), Bi-yän-lu. Meister Yüan-wu's Niederschrift von der Smaragdenen Felswand. Verdeutscht und erläutert von Wilhelm Gundert, 3. Band, aus dem Nachlaß, München 1973.
De Lary, P. (Hrsg.), Galenos. On the Doctrines of Hippocrates and Plato I, lat.-engl. Ausgabe und Kommentar, Berlin 1978.
Descartes, R., Über den Menschen [1632], Heidelberg 1969.
Diamond, J. M., Genes and the Tower of Babel, in: Nature 336 (1988), S. 622.
Dilthey, W., Ideen über eine beschreibende und zergliedernde Psychologie [1894], in: Misch [3]1961, S. 139–240.
Drobisch, M. W., Neue Darstellung der Logik nach ihren einfachsten Verhältnissen, mit Rücksicht auf Mathematik und Naturwissenschaft, Leipzig 1851.
Dubois, E., Die phylogenetische Großhirnzunahme. Autonome Vervollkommnung der animalen Funktionen, in: Biologia Generalis 6 (1930), S. 247–292.
Eibl-Eibesfeldt, I., Grundriß der vergleichenden Verhaltensforschung, München [3]1972.
Eibl-Eibesfeldt, I., Krieg und Frieden aus der Sicht der Verhaltensforschung, München 1975.
Eibl-Eibesfeldt, I., Die Biologie des menschlichen Verhaltens. Grundriß der Humanethologie, München / Zürich 1984.
Eisenberg, J. F. / Dillon, W. S. (Hrsg.), Man and Beast. Comparative Social Behaviour, Washington 1970.
Elias, N., Über den Prozeß der Zivilisation. Soziogenetische und psychogenetische Untersuchungen I–II, Frankfurt a. M. [3]1976.
v. Engelhardt, W. / Holz, H. H. (Hrsg.), Gottfried Wilhelm Leibniz. Nouveaux essais sur l'entendement humain, frz.-dt. Ausgabe in zwei Bänden, Darmstadt 1959–1961.
Engels, F., Anteil der Arbeit an der Menschwerdung des Affen [1876], in: F. Engels, Dialektik der Natur, Berlin 1955, S. 179–194.
Feuerbach, L., Grundsätze der Philosophie der Zukunft, Zürich / Winterthur 1843, = Bolin / Jodl [2]1960, II, S. 245–320.
Flitner, A. / Giel, K. (Hrsg.), Wilhelm von Humboldt. Werke in fünf Bänden, Darmstadt 1960–1981.
Fränkel, H., Eine heraklitische Denkform [1938], in: ders., Wege und Formen frühgriechischen Denkens. Literarische und philosophiegeschichtliche Studien (hrsg. v. F. Tietze), München [2]1960, S. 253–283.
Frank, M., Eine Einführung in Schellings Philosophie, Frankfurt a. M. 1985.

Fromm, E., Man for Himself. An Inquiry into the Psychology of Ethics, New York 1947.

Gäbe, L. (Hrsg.), René Descartes. Von der Methode, Hamburg 1960.

Gäbe, L. (Hrsg.), René Descartes. Meditationes de prima philosophia, lat.-dt. Ausgabe, Hamburg 1977.

v. Gebsattel, V. E., Prolegomena einer medizinischen Anthropologie, Berlin 1954.

Gebser, J., Ein Mensch zu sein. Betrachtungen über die Formen der menschlichen Beziehungen, Bern / München 1974.

Gehlen, A., Der Staat und die Philosophie (Schriftenreihe Wissenschaft und Zeitgeist, Heft 3, bei Felix Meiner), Leipzig 1935.

Gehlen, A., Anthropologische Forschung. Zur Selbstbegegnung und Selbstentdeckung des Menschen, Reinbek 1961.

Gehlen, A., Urmensch und Spätkultur. Philosophische Ergebnisse und Aussagen, Bonn 1956, Frankfurt a. M. ²1964.

Gerhardus, D., Zur logisch-systematischen Genese visueller Zeichengebung, in: Die Einheit der semiotischen Dimensionen, hrsg. v. Arbeitsgruppe Semiotik, Tübingen 1978, S. 303–318.

Gethmann, C. F. (Hrsg.), Theorie des wissenschaftlichen Argumentierens, Frankfurt a. M. 1980.

Gethmann, C. F. (Hrsg.), Logik und Pragmatik. Zum Rechtfertigungsproblem logischer Sprachregeln, Frankfurt a. M. 1982.

Godley, A. D. (Hrsg.), Herodotus, griech.-engl. Ausgabe, I–IV, London / Cambridge, Mass. 1920–1925.

Goodman, N., Ways of Worldmaking, Hassocks 1978 (dt. Weisen der Welterzeugung, Frankfurt a. M. 1984).

Groethuysen, B., Philosophische Anthropologie, München 1928–1931.

Groves, C. P., A Theory of Human and Primate Evolution, Oxford 1989.

Guénon, R., L'homme et son devenir selon le Vedānta, Paris ⁵1974 (engl. Man and His Becoming According to the Vedānta, London 1945).

Habermas, J., Anthropologie, in: Fischer-Lexikon Philosophie, Frankfurt a. M. 1958, S. 18–35.

Habermas, J., Theorie des kommunikativen Handelns I–II, Frankfurt a. M. 1981.

Häberlin, P., Der Mensch. Eine philosophische Anthropologie, Zürich 1941.

Haeckel, E., Generelle Morphologie der Organismen. Allgemeine Grundzüge der organischen Formen-Wissenschaft, mechanisch begründet durch die von Charles Darwin reformirte Deszendenztheorie I–II, Berlin 1866.

Hammer, F., Leib und Geschlecht. Philosophische Perspektiven von Nietzsche bis Merleau-Ponty und phänomenologisch-systematischer Aufriß, Bonn 1974.

Harris, M., The Rise of Anthropological Theory. A History of the Theories of Culture, London 1969.

Harrison, A., Making and Thinking. A Study of Intelligent Activities, Hassocks 1978.

Hegselmann, R., Ist es klug, moralisch zu sein?, in: Stuttgarter Hegelkongreß 1987. Metaphysik nach Kant?, hrsg. v. D. Henrich / R.-P. Horstmann, Stuttgart 1988, S. 689–702.
Heidegger, M., Kant und das Problem der Metaphysik, Bonn 1929, Frankfurt a. M. ²1951.
Heinimann, F., Eine vorplatonische Theorie der τέχνη, in: Museum Helveticum 18 (1961), S. 105–130.
Heinimann, F., Nomos und Physis. Herkunft und Bedeutung einer Antithese im griechischen Denken des 5. Jahrhunderts, Basel 1945, ND Darmstadt 1987.
Heintel, E. (Hrsg.), Johann Gottfried Herder. Sprachphilosophische Schriften, Hamburg 1960.
Heinzmann, G., Zwischen Objektkonstruktion und Strukturanalyse. Überlegungen zur Philosophie der Mathematik von Jules Henri Poincaré und Charles Sanders Peirce, Habilitationsschrift Saarbrücken 1990.
Hessing, J., Der Fluch des Propheten. Drei Abhandlungen zu Sigmund Freud, Rheda-Wiedenbrück 1989.
Hofer, H. / Altner, G., Die Sonderstellung des Menschen. Naturwissenschaftliche und geisteswissenschaftliche Aspekte, Stuttgart 1972.
Holz, H. H. (Hrsg.), Gottfried Wilhelm Leibniz. Kleine Schriften zur Metaphysik, lat. / frz.-dt. Ausgabe, Darmstadt 1965.
Huizinga, J., Homo ludens. Vom Ursprung der Kultur im Spiel, Hamburg 1956 (ursprünglich mit dem Untertitel ‹Proeve eener bepaling van het spel-element der cultuur› [Versuch einer Bestimmung des Spielelements der Kultur] Haarlem 1938 erschienen).
v. Humboldt, W., Über das vergleichende Sprachstudium in Beziehung auf die verschiedenen Epochen der Sprachentwicklung [1820], in: Flitner / Giel 1960–81, III, S. 1–25.
v. Humboldt, W., Über den Dualis [1827], in: Flitner / Giel 1960–81, III, S. 113–143.
Husserl, E., Die Krisis der europäischen Wissenschaften und die transzendentale Philosophie. Eine Einleitung in die phänomenologische Philosophie (hrsg. v. W. Biemel), Den Haag ²1962.
Huxley, T. H., Evolution and Ethics, London / New York 1893.
Jettmar, K., Die anthropologische Aussage der Ethnologie [1973], in: NA IV (Kulturanthropologie), S. 63–87.
Joas, H., Praktische Intersubjektivität. Die Entwicklung des Werkes von G. H. Mead, Frankfurt a. M. 1980.
Johanson, D. / Edey, M., Lucy. The Beginnings of Humankind, New York 1981 (dt. Lucy. Die Anfänge der Menschheit, München 1982).
Jüthner, J., Hellenen und Barbaren. Aus der Geschichte des Nationalbewußtseins, Leipzig 1923.
Kajon, I., Das Problem der Einheit des Bewußtseins im Denken Ernst Cassirers, in: Über Ernst Cassirers Philosophie der symbolischen Formen, hrsg. v. H.-J. Braun / H. Holzhey / E. W. Orth, Frankfurt a. M. 1988, S. 249–273.

Kambartel, F., Autonomie, mit Kant betrachtet. Zu den Grundlagen von Handlungstheorie und Moralphilosophie [1978], in: ders., Philosophie der humanen Welt. Abhandlungen, Frankfurt a. M. 1989, S. 117–131.

Kamper, D., Geschichte und menschliche Natur. Die Tragweite gegenwärtiger Anthropologiekritik, München 1973.

Kardiner, A. / Preble, E., They Studied Man, Cleveland 1961 (dt. Wegbereiter der modernen Anthropologie, Frankfurt a. M. 1974).

Kerényi, K., Die anthropologische Aussage des Mythos [1975], in: NA VI (Philosophische Anthropologie. Erster Teil), S. 316–341.

Kern, P. / Wittig, H.-G., Notwendige Bildung. Studien zur Pädagogischen Anthropologie, Bern / Frankfurt a. M. 1985.

Klages, L., Der Geist als Widersacher der Seele I–III, Leipzig 1929–1932, in einem Band, Bonn 41960.

Kluckhohn, C., Culture and Behavior. Collected Essays, New York 1962.

König, R. / Schmalfuss, A. (Hrsg.), Kulturanthropologie, Düsseldorf / Wien 1972.

Kretschmer, W., Konstitution und Rasse [1972], in: NA II (Biologische Anthropologie. Zweiter Teil), S. 258–291.

Kropotkin, P., Mutual Aid. A Factor of Evolution, New York 1902.

Kuhlmann, W. / Böhler, D. (Hrsg.), Kommunikation und Reflexion. Zur Diskussion der Transzendentalpragmatik. Antworten auf Karl-Otto Apel, Frankfurt a. M. 1982.

Lafuma, L. (Hrsg.), Pascal. Œuvres Complètes, Paris 1963 (daraus die Pensées dt. mit einer Einf. hrsg. v. J.-R. Armogathe, Leipzig 1987).

Landmann, M. (Hrsg.), De Homine. Der Mensch im Spiegel seines Gedankens, Freiburg 1962.

Landmann, M., Philosophische Anthropologie, Berlin 1955, 31969.

Landmann, M., Fundamental-Anthropologie, Bonn 21984.

Landsberg, P. L., Einführung in die philosophische Anthropologie, Frankfurt a. M. 1934, 21960.

Lenk, H., Wie philosophisch ist die Anthropologie? Methodologische Bemerkungen zu den anthropologischen Grundlagen der Sozialwissenschaften, in: DER MENSCH und die Wissenschaften vom Menschen. Die Beiträge des XII. Deutschen Kongresses für Philosophie in Innsbruck vom 29. September bis 3. Oktober 1981, hrsg. v. G. Frey / J. Zelger, Innsbruck 1983, S. 145–187.

Lenneberg, E. H., Biological Foundations of Language, New York 1967 (dt. Biologische Grundlagen der Sprache. Mit zwei Anhängen: N. Chomsky, Die formale Natur der Sprache, und: O. Marx, die Geschichte der Ansichten über die biologische Grundlage der Sprache, Frankfurt a. M. 1972).

Lepenies, W. / Ritter, H. H. (Hrsg.), Zur Anthropologie von Claude Lévi-Strauss, Frankfurt a. M. 1970.

Lepenies, W. / Nolte, H., Kritik der Anthropologie. Marx und Freud. Gehlen und Habermas. Über Aggression, München 1971.

Lepenies, W. / Gustafsson, L. (Hrsg.), Carl von Linné. Nemesis Divina, München 1981.

Leroi-Gourhan, A., Le geste et la parole I–II, Paris 1964–1965 (dt. Hand und Wort. Die Evolution von Technik, Sprache und Kunst, Frankfurt a. M. 1980, ²1984).

Lessing, Th., Geschichte als Sinngebung des Sinnlosen, München 1919, mit Untertitel ‹oder die Geburt der Geschichte aus dem Mythos›, Hamburg 1962.

Lessing, Th., Die verfluchte Kultur. Gedanken über den Gegensatz von Leben und Geist, München 1921, ND 1981.

Levinas, E., Humanisme de l'autre homme, Montpellier 1972 (dt. Humanismus des anderen Menschen, mit Einl. von L. Wenzler, mit Anm. von T. de Boer / A. Peperzak / L. Wenzler, mit Gespräch zwischen Levinas und C. v. Wolzogen als Anhang, Hamburg 1989).

Lévi-Strauss, C., Anthropologie structurale, Paris 1958 (dt. Strukturale Anthropologie, Frankfurt a. M. 1967).

Lieber, H.-J. (Hrsg.), Karl Marx. Werke – Schriften in sechs Bänden, Darmstadt 1960–1971.

Limbach, H., Die symbolische Vermittlung der exzentrischen Position. Helmuth Plessners philosophische Anthropologie, Diss. Saarbrücken 1989.

Lindemann, K., Sie verschwanden im erleuchteten Torbogen, Olten / Freiburg 1982.

Lipps, H., Die menschliche Natur, Frankfurt a. M. 1941, ND (Werke Bd. III) ²1977.

Litt, Th., ‹Führen› oder ‹Wachsenlassen› . Eine Erörterung des pädagogischen Grundproblems, Leipzig / Berlin 1927.

Litt, Th., Die Sonderstellung des Menschen im Reich des Lebendigen, Wiesbaden 1948.

Löwith, K., Das Individuum in der Rolle des Mitmenschen, München 1928, ND Darmstadt 1969.

Lorenz, Konrad, Das sogenannte Böse, Wien 1963.

Lorenz, Konrad, Über tierisches und menschliches Verhalten I–II, München 1965.

Lorenz, Konrad / Leyhausen P. (Hrsg.), Antriebe tierischen und menschlichen Verhaltens, München 1968.

Lorenz, Kuno, Moralphilosophische Argumentationen bei Camus, in: Vernünftiges Denken. Studien zur praktischen Philosophie und Wissenschaftstheorie, hrsg. v. J. Mittelstraß / M. Riedel, Berlin / New York 1978, S. 387–406.

Lorenz, Kuno, The Concept of Science. Some remarks on the methological issue 'construction' versus 'description' in the philosophy of science, in: Transcendental Arguments and Science, hrsg. v. P. Bieri / R. P. Horstmann / L. Krüger, Dordrecht 1979, S. 177–190.

Lorenz, Kuno, Brochs erkenntnistheoretisches Programm, in: Hermann Broch, hrsg. v. P. M. Lützeler, Frankfurt a. M. 1986, S. 246–259.

Lorenz, Kuno, Zur Stellung des Menschen in der Unterscheidung von Natur und Kultur, in: Traditionen und Perspektiven der analytischen Philosophie. Festschrift für Rudolf Haller, hrsg. v. W. L. Gombocz / H. Rutte / W. Sauter, Wien 1989a, S. 35–53.

Lorenz, Kuno, Leibnizens Monadenlehre. Versuch einer logischen Rekonstruktion metaphysischer Konstruktionen, in: Zeit und Logik bei Leibniz. Studien zu Problemen der Naturphilosophie, Mathematik, Logik und Metaphysik, hrsg. v. C. F. v. Weizsäcker / E. Rudolph, Stuttgart 1989b.

Lotze, H., Mikrokosmus. Ideen zur Naturgeschichte und Geschichte der Menschheit, Versuch einer Anthropologie I–III, Leipzig 1856–1864.

Lücke, T. (Hrsg.), Denis Diderot. Philosophische Schriften I–II, Berlin 1961.

Lützeler, P. M. (Hrsg.), Hermann Broch. Kommentierte Werkausgabe I–XII in vierzehn Bänden, Frankfurt a. M. 1974–1980.

Malebranche, N., Entretiens sur la métaphysique et sur la réligion [1688], in: Œuvres, hrsg. v. A. Robinet u. a., Bd. 12, Paris 1976.

Mandeville, B., Die Bienenfabel oder Private Laster, öffentliche Vorteile (hrsg. v. W. Euchner), Frankfurt a. M. 1968.

Marquard, O., Zur Geschichte des philosophischen Begriffs ‹Anthropologie› seit dem Ende des 18. Jahrhunderts, in: Collegium Philosophicum. Studien Joachim Ritter zum 60. Geburtstag, Basel / Stuttgart 1965, S. 204–239.

Marquard, O., Homo Compensator. Zur anthropologischen Karriere eines metaphysischen Begriffs, in: DER MENSCH und die Wissenschaften vom Menschen. Die Beiträge des XII. Deutschen Kongresses für Philosophie in Innsbruck vom 29. September bis 3. Oktober 1981, hrsg. v. G. Frey / J. Zelger, Innsbruck 1983, S. 55–66.

Martins, J., Die Funktion des Mensch / Tier-Vergleichs in der philosophischen Anthropologie, Augsburg 1973.

Mathieu, G. / Brémond, É. (Hrsg.), Isocrate. Discours, griech.-frz. Ausgabe, I–IV, Paris 1928–1962.

Matza, D., Becoming Deviant, Englewood Cliffs, N. J. 1969.

Maxwell, M., Human Evolution. A Philosophical Anthropology, London / Sydney 1984.

McCormack, W. C. / Wurm, S. A. (Hrsg.), Language and Man. Anthropological Issues, The Hague / Paris 1976.

Meggle, G. (Hrsg.), Handlung, Kommunikation, Bedeutung, Frankfurt a. M. 1979.

Meinberg, E., Das Menschenbild der modernen Erziehungswissenschaft, Darmstadt 1988.

Miller, D. L., George Herbert Mead. Self, Language, and the World, Chicago / London 1973.

Misch, G. (Hrsg.), Wilhelm Dilthey. Gesammelte Schriften V, Stuttgart ³1961.

Mittelstraß, J. (Hrsg.), Enzyklopädie Philosophie und Wissenschaftstheorie I–III, Mannheim 1980–1991.

Molesworth, W. (Hrsg.), Thomae Hobbes opera philosophica quae latine scripsit omnia I–V, London 1839–1845, ND Aalen 1961.

Montagu, A., Toolmaking, Hunting, and the Origin of Language, in: The Sociogenesis of Language and Human Conduct, Part I (Homo Loquens, Homo Faber, Animal Economicum: An anthropologist's Conception of the Dawn of Human Conduct), hrsg. v. B. Bain, New York 1983, S. 3–14.

Neurath, O. / Carnap, R. / Morris, C. (Hrsg.), Foundations of the Unity of Science. Toward an International Encyclopedia of Unified Science I–II, Chicago / London 1969–1970.

Niebuhr, R., The Nature and Destiny of Man. A Christian Interpretation, London 1941–1943.

Niehues-Pröbsting, H., Der Kynismus des Diogenes und der Begriff des Zynismus, München 1979.

Nitschke, A., Verhalten und Wahrnehmung [1973], in: NA IV (Kulturanthropologie), S. 123–149.

Oppitz, M., Notwendige Beziehungen. Abriß der strukturalen Anthropologie, Frankfurt a. M. 1975.

Pannenberg, W., Anthropologie in theologischer Perspektive, Göttingen 1983.

Parfit, D., Reasons and Persons, Oxford 1984.

Parsons, T. / Shils, E. A. (Hrsg.), Toward a General Theory of Action. Theoretical Foundations for the Social Sciences, Cambridge, Mass. 1951.

Perl, C. J. (Hrsg.), Aurelius Augustinus. De civitate dei, lat.-dt. Ausgabe in zwei Bänden, Paderborn 1979.

Piaget, J., Erkenntnistheorie der Wissenschaften vom Menschen, Berlin / Wien 1973.

Picht, G., Kunst und Mythos. Mit einer Einführung von C. F. v. Weizsäcker, Stuttgart 1986.

Pico della Mirandola, G., Über die Würde des Menschen [De hominis dignitate]. Aus dem Neulateinischen übertragen von H. W. Rüssel. Mit der Lebensbeschreibung Picos von Thomas Morus [1510], Zürich ²1989.

Pilz, G. / Moesch, H., Der Mensch und die Graugans, Frankfurt a. M. 1975.

Plack, A., Die Gesellschaft und das Böse, München ⁷1970.

Plessner, H., Der imitatorische Akt [1961 a], in: PGS VII, S. 447–457.

Plessner, H., Die Frage nach der Conditio humana [1961 b], in: PGS VIII, S. 136–217.

Plessner, H., Anthropologie der Sinne [1970], in: PGS III, S. 317–393.

Ploog, D., Kommunikation in Affengesellschaften und deren Bedeutung für die Verständigungsweisen des Menschen [1972], in: NA II (Biologische Anthropologie. Zweiter Teil), S. 98–178.

Portmann, A., Biologische Fragmente zu einer Lehre vom Menschen, Basel ³1969.

Portmann, A., Vom Lebendigen. Versuche zu einer Wissenschaft vom Menschen, Frankfurt a. M. 1973.

Premack, D., Intelligence in Ape and Man, New York 1977.
Quine, W. V. O., The Roots of Reference, La Salle, Ill. 1974 (dt. Die Wurzeln der Referenz, Frankfurt a. M. 1976).
Quine, W. V. O., Theories and Things, Cambridge, Mass. 1981 (dt. Theorien und Dinge, Frankfurt a. M. 1985).
Radhakrishnan, S. / Raju, P.T. (Hrsg.), The Concept of Man. A Study in Comparative Philosophy, London ²1966.
Reinhardt, K., Poseidonios, München 1921.
Remane, A., Die Bedeutung der Evolutionslehre für die Allgemeine Anthropologie [1972], in: NAI (Biologische Anthropologie. Erster Teil), S. 293–325.
Reynolds, V. / Falger, V. / Vine, I. (Hrsg.), The Sociobiology of Ethnocentrism. Evolutionary Dimensions of Xenophobia, Discrimination, Racism and Nationalism, London / Sydney 1987.
Rössner, H. (Hrsg.), Der ganze Mensch. Aspekte einer pragmatischen Anthropologie, München 1986.
Rosenbach, M. (Hrsg.), L. Annaeus Seneca. Ad Lucilium epistulae morales I–CXXV, lat.-dt. Ausgabe in zwei Bänden, Darmstadt 1974–1984.
Rothacker, E., Logik und Systematik der Geisteswissenschaften, München / Berlin 1927.
Rothacker, E., Über den Sinn und die Grenze der Lehre vom Menschen, Potsdam 1938.
Rothacker, E., Probleme der Kulturanthropologie, Bonn 1948.
Rudolph, W. / Tschohl, P., Systematische Anthropologie, München 1977.
Sauter, C. M., Wilhelm von Humboldt und die deutsche Aufklärung, Berlin 1989.
Schadewaldt, W., Die Anfänge der Philosophie bei den Griechen. Die Vorsokratiker und ihre Voraussetzungen, Frankfurt a. M. 1978.
Schaefer, H. / Novak, P., Anthropologie und Biophysik [1972], in: NAI (Biologische Anthropologie. Erster Teil), S. 22–58.
Schelsky, H. (Hrsg.), Zur Theorie der Institution, Düsseldorf 1970.
Scherer, B. M., Prolegomena zu einer einheitlichen Zeichentheorie. Ch. S. Peirces Einbettung der Semiotik in die Pragmatik, Tübingen 1984.
Scheuerl, H., Pädagogische Anthropologie. Eine historische Einführung, Stuttgart 1982.
Schipperges, H., Kosmos und Anthropos. Entwürfe einer Philosophie des Leibes, Stuttgart 1981.
Schluchter, W. (Hrsg.), Verhalten, Handeln und System. Talcott Parsons' Beitrag zur Entwicklung der Sozialwissenschaften, Frankfurt a. M. 1979.
Schoeps, H.-J., Was ist der Mensch? Philosophische Anthropologie als Geistesgeschichte der neuesten Zeit, Göttingen 1960.
Sekida, K., Two Zen Classics. Mumonkon and Hekiganroku, New York / Tokyo 1977.

Sherrington, Ch., Man on His Nature, New York ²1955 (dt. Körper und Geist. Der Mensch über seine Natur, Bremen 1964).
Singer, J., Androgyny. Towards a New Theory of Sexuality, London 1976.
Sombart, W., Vom Menschen. Versuch einer geisteswissenschaftlichen Anthropologie, Berlin 1938.
Sonnemann, U., Negative Anthropologie. Vorstudien zur Sabotage des Schicksals, Frankfurt a. M. 1969.
Spencer, H., The Man versus the State, London / Edinburgh 1884.
Stoffels, H., Umgang mit dem Widerstand. Eine anthropologische Studie zur psychotherapeutischen Praxis, Göttingen 1986.
Stringer, C., The Dates of Eden, in: Nature 331 (1988), S. 565–566.
Süssmuth, H. (Hrsg.), Historische Anthropologie. Der Mensch in der Geschichte, Göttingen 1984.
Süßmuth, Rita, Zur Anthropologie des Kindes, München 1968.
Suphan, B. (Hrsg.), Johann Gottfried Herder. Sämtliche Werke I–XXXIII, Berlin 1877–1913, ND Hildesheim 1967–1968.
Szilard, L., The Voice of the Dolphins, New York 1961 (dt. Die Stimme der Delphine, Frankfurt a. M. 1964).
Tax, S., Horizons of Anthropology, Chicago 1964.
Theunissen, M., Selbstverwirklichung und Allgemeinheit. Zur Kritik des gegenwärtigen Bewußtseins, Berlin / New York 1982.
Tschierske, U., Vernunftkritik und ästhetische Subjektivität. Studien zur Anthropologie Friedrich Schillers, Tübingen 1988.
v. Uexküll, J., Umwelt und Innenwelt der Tiere, Berlin ²1921.
v. Uexküll, J., Theoretische Biologie, Berlin ²1928, ND Frankfurt a. M. 1973.
Vermeersch, E., An Analysis of the Concept of Culture, in: The Concept and Dynamics of Culture, hrsg. v. B. Bernardi, Den Haag 1977, S. 9–73.
Vogel, C., Gibt es eine natürliche Moral? Oder: wie widernatürlich ist unsere Ethik?, in: Die Herausforderung der Evolutionsbiologie, hrsg. v. H. Meier, München 1988, S. 193–219.
Vollhardt, F. (Hrsg.), Heinrich Rickert. Kulturwissenschaft und Naturwissenschaft, Stuttgart 1986.
Waldenfels, B., Der Spielraum des Verhaltens, Frankfurt a. M. 1980.
Weber, A., Der dritte oder der vierte Mensch. Vom Sinn des geschichtlichen Daseins, München 1953.
Weber, M., Soziologische Grundbegriffe, Tübingen ²1966.
Weber-Schäfer, P., Hsün-tzu, in: Chinesisches Altertum und konfuzianische Klassik, hrsg. v. P. J. Opitz, München 1968, S. 101–138.
Weigand, K. (Hrsg.), Jean Jacques Rousseau. Discours sur les sciences et les arts. Discours sur l'origine de l'inégalité parmi les hommes, frz.-dt. Ausgabe, Hamburg 1955.
Weischedel, W. (Hrsg.), Immanuel Kant. Werke in sechs Bänden, Darmstadt 1956–1964.
v. Weizsäcker, C. F., Aufbau der Physik, München 1985.

v. Weizsäcker, V., Der kranke Mensch. Eine Einführung in die medizinische Anthropologie, Stuttgart 1951.
Wetlesen, I. (Hrsg.), Spinoza's Philosophy of Man. Proceedings of The Scandinavian Spinoza Symposium 1977, Oslo 1978.
Weyl, H., Wissenschaft als symbolische Konstruktion des Menschen, in: Eranos Jahrbuch 16 (1948), S. 375–431.
Wezler, K., Menschliches Leben in der Sicht des Physiologen [1972], in: NA II (Biologische Anthropologie. Zweiter Teil), S. 292–385.
Whitehead, A. N., Symbolism. Its meaning and effect, Cambridge 1928.
Wilson, E. O., Sociobiology. The New Synthesis, Cambridge, Mass. 1975.
Wittgenstein, L., Tractatus Logico-Philosophicus, dt.-engl. Ausgabe, London 1922.
v. Wright, G. H., Explanation and Understanding, Ithaca, N.Y. 1971 (dt. Erklären und Verstehen, Frankfurt a. M. 1974).
Wyss, D., Beziehung und Gestalt. Entwurf einer anthropologischen Psychologie und Psychopathologie, Göttingen 1973.
Zagermann, P., Eros und Thanatos. Psychoanalytische Untersuchungen zu einer Objektbeziehungstheorie der Triebe, Darmstadt 1988.
Ziegler, K. (Hrsg.), Wesen und Wirklichkeit des Menschen. Festschrift für H. Plessner, Göttingen 1957.

REGISTER

Namen